全国技工院校数控类专业教材（高级技能层级）

数控车床编程与操作

（FANUC系统）

（第二版）

人力资源社会保障部教材办公室组织编写

中国劳动社会保障出版社

简介

本书内容包括数控车削编程基础、数控车床基本操作、数控车仿真加工、外轮廓加工、槽加工、内轮廓加工、螺纹加工、非圆曲线加工、职业技能等级认定模拟试题。

本书由王忠斌担任主编，李峰、李德雷、冯芮、盖兵、李娟参加编写；沈建峰、曲静任主审。

图书在版编目（CIP）数据

数控车床编程与操作：FANUC 系统/人力资源社会保障部教材办公室组织编写. -- 2 版. -- 北京：中国劳动社会保障出版社，2023

全国技工院校数控类专业教材. 高级技能层级

ISBN 978-7-5167-5631-7

Ⅰ.①数… Ⅱ.①人… Ⅲ.①数控机床 - 车床 - 程序设计 - 技工学校 - 教材②数控机床 - 车床 - 操作 - 技工学校 - 教材 Ⅳ.①TG519.1

中国国家版本馆 CIP 数据核字（2023）第 026513 号

中国劳动社会保障出版社出版发行

（北京市惠新东街 1 号　邮政编码：100029）

*

北京宏伟双华印刷有限公司印刷装订　　新华书店经销

787 毫米 × 1092 毫米　16 开本　18 印张　382 千字
2023 年 5 月第 2 版　　2023 年 5 月第 1 次印刷

定价：37.00 元

营销中心电话：400-606-6496

出版社网址：http://www.class.com.cn

http://jg.class.com.cn

为了更好地适应技工院校数控类专业的教学要求，全面提升教学质量，人力资源社会保障部教材办公室组织有关学校的骨干教师和行业、企业专家，在充分调研企业生产和学校教学情况，广泛听取教师对教材使用反馈意见的基础上，对全国技工院校数控类专业高级技能层级的教材进行了修订。

本次教材修订工作的重点主要体现在以下几个方面：

第一，更新教材内容，体现时代发展。

根据数控类专业毕业生所从事岗位的实际需要和教学实际情况的变化，合理确定学生应具备的能力与知识结构，对部分教材内容及其深度、难度做了适当调整。

第二，反映技术发展，涵盖职业技能标准。

根据相关工种及专业领域的最新发展，在教材中充实新知识、新技术、新设备、新工艺等方面的内容，体现教材的先进性。教材编写以国家职业技能标准为依据，内容涵盖数控车工、数控铣工、加工中心操作工、数控机床装调维修工、数控程序员等国家职业技能标准的知识和技能要求，并在配套的习题册中增加了相关职业技能等级认定模拟试题。

第三，精心设计形式，激发学习兴趣。

在教材内容的呈现形式上，较多地利用图片、实物照片和表格等将知识点生动地展示出来，力求让学生更直观地理解和掌握所学内容。针对不同的知识点，设计了许多贴近实际的互动栏目，以激发学生的学习兴趣，使教材"易教易学，易懂易用"。

第四，采用 CAD/CAM 应用技术软件最新版本编写。

在 CAD/CAM 应用技术软件方面，根据最新的软件版本对 UG、Creo、Mastercam、CAXA、SolidWorks、Inventor 进行了重新编写。同时，在教材中不仅局限于介绍相关的软件功能，而是更注重介绍使用相关软件解决实际生产中的问题，以培养学生分析和解决问题的综合职业能力。

第五，开发配套资源，提供教学服务。

本套教材配有习题册和方便教师上课使用的多媒体电子课件，可以通过登录技工教育网（http://jg.class.com.cn）下载。另外，在部分教材中使用了二维码技术，针对教材中的教学重点和难点制作了动画、视频、微课等多媒体资源，学生使用移动终端扫描二维码即可在线观看相应内容。

本次教材的修订工作得到了河北、辽宁、江苏、山东、河南等省人力资源和社会保障厅及有关学校的大力支持，在此我们表示诚挚的谢意。

人力资源社会保障部教材办公室

2022 年 7 月

目　录

第一章　数控车削编程基础

第一节　数控车床概述

数控技术及数控机床在当今机械制造业中占有重要地位，已显现出巨大效益，并成为传统机械制造工业提升改造及实现自动化、柔性化、集成化生产的重要手段和标志。数控技术集现代精密机械、计算机、通信、液压、气动、光电等多学科技术于一体，具有高效率、高精度、高自动化和高柔性的特点。

数控车床是当今机械行业中应用最广泛的数控机床之一，主要用于轴类（见图1-1）和盘类等回转体零件的切削加工。为了更好地使用和操纵数控车床，必须了解数控车床的基本组成及结构，熟悉数控车床的分类、加工范围及特点。

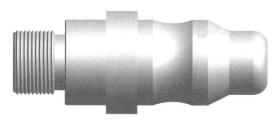

图1-1　复杂轴类零件

一、数控车床的组成及结构

数控车床的结构如图1-2所示，它一般由数控装置、伺服驱动装置、机床主机以及辅助装置等组成。

1. 数控装置

数控装置是数控机床的核心，其功能是完成所有加工数据的处理、计算工作，最终实现数控机床各功能的指挥工作。它包含计算机控制电路、各种接口电路、CRT（阴极射线管）显示器等硬件及相应的软件。

2. 伺服驱动装置

伺服驱动装置是数控装置和机床本体的联系环节，它将来自数控装置的微弱指令信号放大成控制驱动装置的大功率信号；将经放大的指令信号转变为机械运动，通过机械传动部件（如滚珠丝杠、螺母等）驱动机床主轴、刀架、工作台等精确定位或按规定的轨迹做严格的相对运动，最后加工出图样所要求的零件。

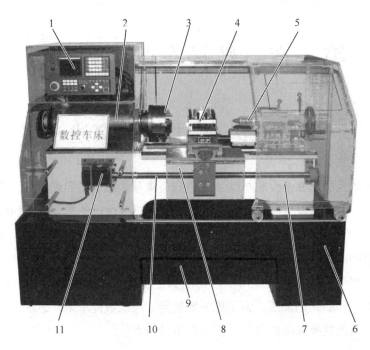

图 1 - 2　数控车床的结构

1—数控装置　2—主轴　3—卡盘　4—刀架　5—尾座　6—床身　7—防护门

8—溜板箱　9—切屑盘　10—滚珠丝杠　11—伺服电动机

3. 机床主机

机床主机是数控机床的主体，主要包括床身、主轴箱、溜板箱、导轨等机械部件。

4. 辅助装置

辅助装置主要包括润滑系统、防护门、切屑盘等。

二、数控车床的分类

1. 按主轴布置形式分类

（1）卧式数控车床

卧式数控车床是应用最广泛的数控车床，其主轴轴线处于水平位置。而在卧式数控车床中，最为常用的是床身导轨处于水平位置的水平导轨卧式数控车床（见图 1 - 3）和床身导轨处于倾斜位置的倾斜导轨卧式数控车床（见图 1 - 4）。其中，倾斜导轨卧式数控车床的结构可以使车床具有更高的刚度，并易于排除切屑。

（2）立式数控车床

立式数控车床的主轴处于垂直位置，如图 1 - 5 所示。立式数控车床主要用于加工径向尺寸大、轴向尺寸相对较小，且形状较复杂的大型或重型零件，适用于直径较大的车轮、法兰盘、大型电动机座、箱体等回转体的粗、精加工。

图1-3　水平导轨卧式数控车床

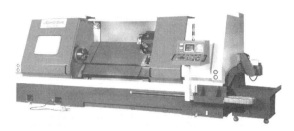

图1-4　倾斜导轨卧式数控车床

图1-5　立式数控车床

2. 按刀架数量分类

（1）单刀架数控车床

普通数控车床一般都配备单刀架，常见的单刀架有四刀位卧式回转刀架（见图1-6a）和多刀位回转刀架（见图1-6b）。

（2）双刀架数控车床

双刀架数控车床的刀架配置可以是平行交错结构（见图1-7a），也可以是同轨垂直交错结构（见图1-7b），其驱动方式有电动和液压两种。

a)　　　　　　　　　　　　　　　　b)

图1-6　自动回转刀架（一）

a）四刀位卧式回转刀架　b）多刀位回转刀架

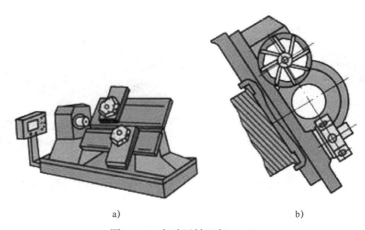

a)   b)

图 1-7 自动回转刀架（二）

a）平行交错双刀架 b）同轨垂直交错双刀架

3. 按数控系统的功能分类

（1）经济型数控车床

经济型数控车床一般采用步进电动机驱动形成开环伺服系统，如图 1-8 所示。此类车床结构简单，价格低廉，具有 CRT 显示、程序储存、程序编辑等功能，主要用于加工精度要求不高但有一定复杂性的零件。

（2）全功能数控车床

全功能数控车床是较高档次的数控车床，具有刀尖圆弧半径自动补偿、恒线速切削、倒角、固定循环、螺纹车削、图形显示、用户宏程序等功能，如图 1-9 所示。这类车床加工能力强，适用于精度高、形状复杂、工序多、循环周期长、品种多变的单件或中、小批量零件的加工。

图 1-8 经济型数控车床

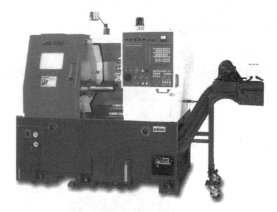

图 1-9 全功能数控车床

（3）车削中心

车削中心的主体是数控车床，在其增加动力刀座（C 轴控制）和刀库后，除了能进行车削、镗削加工外，还能对端面和圆周上任意部位进行钻削、铣削、攻螺纹等加工；而且在具有插补功能的情况下还能铣削曲面、凸轮槽和螺旋槽，可实现车削、铣削复合加工，如图 1-10 所示。它在转盘式刀架的刀座上安装上驱动电动机，即可实现回转驱动，可以进行回转位置的控制（ C 轴控制），如图 1-11 所示为车削中心 C 轴加工示例。

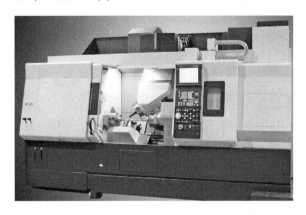

图 1-10　车削中心

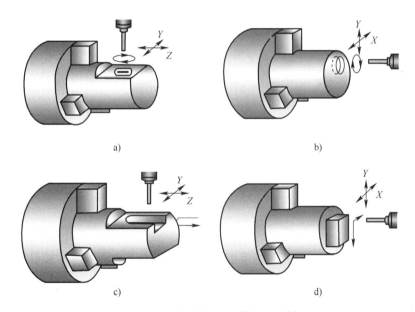

图 1-11　车削中心 C 轴加工示例
a）在外圆上进行孔加工　b）在端面上进行孔加工
c）在外圆上进行键槽加工　d）在端面上进行四方体加工

三、数控车床的加工范围及特点

1. 适应能力强，适用于多品种、小批量零件的加工

在传统车床上加工多种零件时，需要经常调整车床或车床附件，以适应新零件的加工要求。使用数控车床加工新零件时，只需要重新编制加工程序就可以达到要求，从而大大缩短了车床准备时间。因此，数控车床常用于多品种、单件或小批量零件的加工，如图 1-12 所示。

2. 加工精度高，加工质量稳定可靠

由于数控车床的加工过程是由预先输入的程序通过计算机进行控制的，所以，从一定程度上避免了由于操作者技术水平的差异而引起的产品质量的变化。同时，数控车床的加工过程不会受到工人的体力、情绪等因素的影响。

对于同一批零件，由于使用同一机床和刀具及同一加工程序，刀具的运动轨迹完全相同，且数控机床是根据数控程序自动进行加工的，因此可以避免人为的误差，这就保证了零件加工的一致性好且质量稳定。如图 1 – 13 所示为用数控车床加工的精密零件。

图 1 – 12　多品种零件　　　　　　图 1 – 13　精密零件

3. 高柔性，能够加工复杂型面

随着自动编程技术的发展，利用图形自动编程软件生成加工程序，可以加工出用普通车床难以加工的复杂型面零件，如可加工如图 1 – 14 所示的曲面零件。

4. 生产效率高

在数控车床上可以实现多道工序连续加工，一个操作人员可以同时管理多台数控车床。与普通车床相比，数控车床的生产效率大大提高，如图 1 – 15 所示为用数控车床生产的大批量零件。

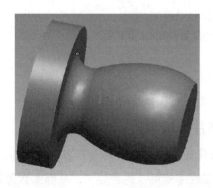

图 1 – 14　曲面零件　　　　　　图 1 – 15　大批量零件

5. 减轻操作者的劳动强度

在数控车床上，机床自动化程度高，操作者不需要进行繁重的重复性手工操作，劳动强度大大降低，如图 1 – 16 所示为工人操纵数控车床。

图 1 – 16 工人操纵数控车床

第二节 数控车床坐标系

一、坐标系命名原则

数控机床坐标系采用右手直角笛卡儿坐标系（见图 1 – 17），其基本坐标轴为 X、Y、Z 直角坐标轴，拇指的方向为 X 轴的正方向，食指指向 Y 轴的正方向，中指指向 Z 轴的正方向。数控车床以机床主轴轴线方向为 Z 轴方向，刀具远离工件的方向为 Z 轴的正方向。X 轴位于与工件装夹平面相平行的水平面内，垂直于工件回转轴线的方向，且刀具远离主轴轴线的方向为 X 轴的正方向。

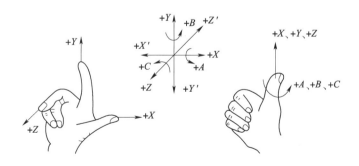

图 1 – 17 右手直角笛卡儿坐标系

二、车床坐标系

车床坐标系是为了确定工件在车床中的位置，以及确定车床运动部件的运动方向和移动距离而建立的几何坐标系。

1. 机床坐标轴及运动方向的确定

确定机床坐标轴的顺序是：先 Z 轴（动力轴），再 X 轴，最后 Y 轴。

Z 轴——机床主轴；平行于机床传递切削力的主轴轴线的坐标轴为 Z 轴，并且设定刀具远离工件的方向为 Z 轴的正方向。

X 轴——装夹平面内的水平方向；平行于导轨面，且垂直于 Z 轴的坐标轴为 X 轴。对于车床取工件的直径方向为刀具运动的 X 轴方向，同样取刀具远离工件的方向为 X 轴的正方向。

Y 轴——在确定了 Z 轴、X 轴及其正方向后，按右手直角笛卡儿坐标系确定 Y 轴及 Y 轴的正方向。

数控车床是由主轴带动工件进行旋转运动，并由滑板带动刀具来进行进给运动的。因此，遵循了所有坐标轴方向的确定原则：假定工件不动，刀具相对于工件做进给运动，即刀具远离工件方向为正方向。如图 1–18 所示为数控车床坐标系。

2. 机床坐标系原点及参考点

机床坐标系原点又称为机床原点，它是机床上设置的一个固定点。在机床制造和调整后这个点就固定下来，是数控机床进行加工及运行的基准参考点，不允许用户更改。

机床参考点可以与机床原点重合，也可以不重合（车床中一般不重合），以数控车床为例，机床参考点通常位于溜板箱正向移动的极限位置。机床参考点是相对于机床原点的一个可以设定的参数值，如图 1–19 所示，它由厂家测量并输入系统中，用户不得随意更改。机床回到了参考点位置，也就知道了该坐标轴的零点位置，找到所有坐标轴的参考点，CNC 也就建立起了机床坐标系。因此，机床参考点是用于对机床运动进行检测和控制的固定位置点。

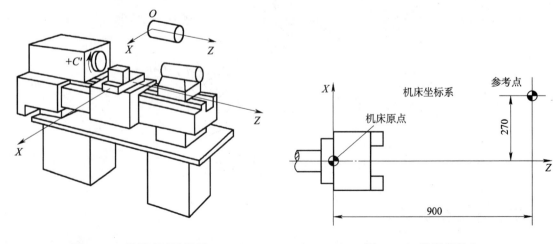

图 1–18　数控车床坐标系　　　　　　　　图 1–19　机床参考点

三、工件坐标系

1. 工件坐标系

工件坐标系是操作人员在加工时使用的，选择工件上的某一已知点为原点（也称程序原点），建立一个新的坐标系，称为工件坐标系，如图 1 – 20 所示。工件坐标系一旦建立便一直有效，直到用新的坐标系代替为止。

2. 工件原点

工件原点（也称编程原点）是由编程人员在编程时根据零件图样及加工工艺要求选定的编程坐标系的原点。在选择工件坐标系时，应尽可能将工件原点选择在工艺定位基准上，编程坐标系中各轴的方向应与所使用的数控机床相应的坐标轴方向一致，这对保证加工精度有利。如图 1 – 21 所示为车削零件的工件原点。

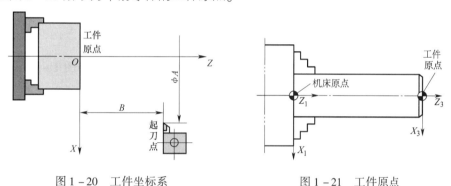

图 1 – 20　工件坐标系　　　　　图 1 – 21　工件原点

工件原点的选择要尽量满足编程简单、尺寸换算少、引起的加工误差小等条件。一般情况下选在尺寸标注的基准或定位基准上。对数控车床而言，工件原点一般选择工件轴线与工件左端面或后端面的交点。

3. 编程坐标

FANUC 系统可用绝对坐标（X 和 Z 字符）、相对坐标（U 和 W 字符）和混合坐标（绝对坐标和相对坐标共同使用）进行编程。

（1）绝对坐标编程

采用绝对坐标编程时，每个编程坐标轴上的编程坐标是相对于编程原点而言的。

（2）相对坐标编程

采用相对坐标编程时，每个编程坐标轴上的编程坐标是相对于前一位置而言的，该值等于沿轴移动的距离。

例 1 – 1　如图 1 – 22 所示，要求刀具由原点按顺序移到 1、2、3 点，然后回到原点，试分别进行绝对坐标编程和相对坐标编程，编程格式见表 1 – 1。

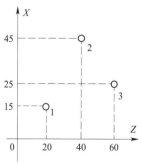

图 1 – 22　绝对坐标编程
与相对坐标编程

表 1 - 1 　　　　　　　　　　　　　　　编程格式

绝对坐标编程	相对坐标编程	混合编程
O0001；	O0001；	O0001；
N10 G00 X0 Z0；	N10 G00 X0 Z0；	N10 G00 X0 Z0；
N20 G01 X15. 0 Z20. 0 F0. 2；	N20 G01 U15. 0 W20. 0 F0. 2；	N20 G01 X15. 0 W20. 0 F0. 2；
N30 X45. 0 Z40. 0；	N30 U30. 0 W20. 0；	N30 U30. 0 W20. 0；
N40 X25. 0 Z60. 0；	N40 U - 20. 0 W20. 0；	N40 U - 20. 0 Z60. 0；
N50 X0 Z0；	N50 U - 25. 0 W - 60. 0；	N50 X0 Z0；
N60 M30；	N60 M30；	N60 M30；

　　选择合适的编程方式可使编程简化。当图样尺寸有一个固定基准给定时，采用绝对坐标编程较为方便；而当图样尺寸是以轮廓顶点之间的间距给出时，采用相对坐标编程较为方便。

四、换刀点

　　换刀点是零件程序开始加工或是加工过程中更换刀具的相关点，如图 1 - 23 所示。设立换刀点的目的是在更换刀具时让刀具处于一个比较安全的区域，换刀点可在远离工件和尾座处，也可在便于换刀的任何地方，但该点与编程原点之间必须有确定的坐标关系。

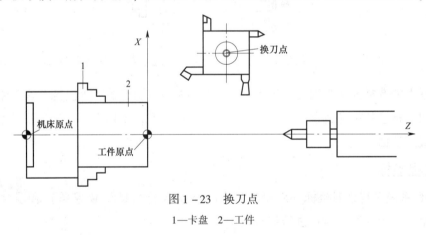

图 1 - 23　换刀点

1—卡盘　2—工件

第三节　数控车削编程基本知识

一、数控程序编制及其过程

1. 数控程序编制的概念及步骤

　　数控程序编制是指从零件图样到获得数控加工程序的全部工作过程。如图 1 - 24 所示为数控程序编制的主要步骤。

（1）分析零件图样和制定工艺方案

分析零件图样和制定工艺方案的内容包括：对零件图样进行分析，明确加工的内容和要求；确定加工方案；选择合适的数控机床；选择或设计刀具和夹具；确定合理的走刀路线及选择合理的切削用量等。这一工作要求编程人员能够对零件图样的技术特性、几何形状、尺寸及工艺要求进行分析，并结合数控机床使用的基础知识，如数控机床的规格、性能、数控系统的功能等，确定加工方法和加工路线。

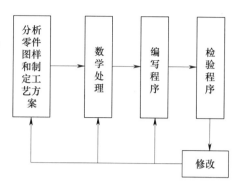

图 1-24　数控程序编制的主要步骤

（2）数学处理

在确定了工艺方案后，就需要根据零件的几何尺寸、加工路线等计算刀具中心运动轨迹，以获得刀位数据。数控系统一般具有直线插补与圆弧插补功能，对于加工由圆弧和直线组成的较简单的平面零件，只需要计算出零件轮廓上相邻几何元素交点或切点的坐标值，得出各几何元素的起点、终点、圆弧的圆心坐标值等就能满足编程要求。当零件的几何形状与控制系统的插补功能不一致时，就需要进行较复杂的数值计算，一般需要使用计算机辅助计算，否则难以完成。

（3）编写程序

在完成上述工艺处理及数值计算工作后，即可编写零件加工程序。程序编制人员使用数控系统的程序指令，按照规定的程序格式，逐段编写加工程序。

（4）检验程序

将编写好的加工程序输入数控系统，就可以控制数控机床的加工工作。一般在正式加工之前要对程序进行检验。通常可采用机床空运行的方式来检查机床动作和运动轨迹的正确性，以检验程序。在具有图形模拟显示功能的数控机床上，可通过显示走刀轨迹或模拟刀具对工件的切削过程对程序进行检验。对于形状复杂和要求高的零件，也可采用铝件、塑料或石蜡等易切削材料进行试切来检验程序。通过检查试件，不仅可以确认程序是否正确，还可以知道加工精度是否符合要求。若能采用与被加工零件材料相同的材料进行试切，则更能反映实际加工效果。当发现所加工的零件不符合加工技术要求时，可修改程序或采取尺寸补偿等措施。

2. 数控程序编制的方法

数控加工程序的编制方法主要有手工编程和自动编程两种。

（1）手工编程

手工编程是指主要由人工来完成数控编程中各个阶段的工作，其步骤如图 1-25 所示。对于几何形状不太复杂的零件，其所需加工程序不长，计算比较简单，因此用手工编程比较合适。手工编程的不足之处是：耗费时间较长，容易出现错误，无法完成复杂形状零件的编程工作。

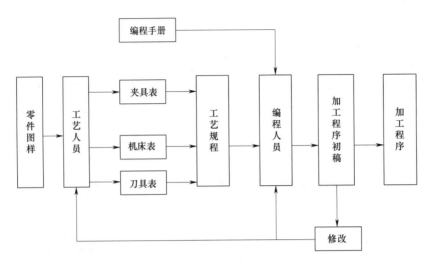

图 1 – 25　手工编程的步骤

（2）自动编程

自动编程是指在编程过程中，除了分析零件图样和制定工艺方案由人工进行外，其余工作均由计算机辅助完成。

采用计算机自动编程时，数学处理、编写程序、检验程序等工作是由计算机自动完成的，由于计算机可自动绘制出刀具中心运动轨迹，使编程人员可及时检查程序是否正确，需要时可及时修改，以获得正确的程序。又由于计算机自动编程代替程序编制人员完成了烦琐的数值计算工作，因此可提高编程效率几十倍乃至上百倍，解决了用手工编程无法解决的许多复杂形状零件的编程难题。因此，自动编程的特点就在于编程工作效率高，可解决复杂形状零件的编程难题。

根据输入方式的不同，可将自动编程分为图形数控自动编程、语言数控自动编程和语音数控自动编程等。图形数控自动编程是指将零件的图形信息直接输入计算机，通过自动编程软件的处理得到数控加工程序。目前，图形数控自动编程是使用最为广泛的自动编程方式。语言数控自动编程是指将加工零件的几何尺寸、工艺要求、切削参数及辅助信息等用数控语言编写成源程序后，输入计算机中，再由计算机进一步处理得到零件加工程序。语音数控自动编程是指采用语音识别器，将编程人员发出的加工指令声音转变为加工程序。

二、常用术语及指令代码

1. 准备功能

准备功能 G 又称"G 功能"或"G 代码"，是由地址符和后面的两位数字来表示的，它用来规定刀具和工件的相对运动轨迹、机床坐标系、坐标平面、刀具补偿、坐标偏置等多种加工操作。准备功能代码见表 1 – 2。

表1-2 准备功能代码

G 代码	组别	功能	程序格式及说明
G00		快速定位	G00 X __ Z __
◆G01	01	直线插补	G01 X __ Z __ F __
G02		顺时针圆弧插补	G02 X __ Z __ R __ F __
G03		逆时针圆弧插补	G03 X __ Z __ R __ F __
G04	00	暂停	G04 X __ (单位为 s); G04 P __ (单位为 ms)
G17		XY 平面选择	G17
◆G18	16	ZX 平面选择	G18
G19		YZ 平面选择	G19
G20	06	英寸输入	G20
◆G21		毫米输入	G21
G28	00	返回刀具参考点	G28 X __ Z __
G29		由参考点返回	G29 X __ Z __
G32		螺纹切削	G32 X __ Z __ F __ (F 为螺距)
G33	01	多线螺纹切削	G33 X __ Z __ F __ P __
G34		变螺距螺纹切削	G34 X __ Z __ F __ K __
◆G40		刀尖圆弧半径补偿取消	G40
G41	07	刀尖半径左补偿	G41 G00/G01 X __ Z __ F __
G42		刀尖半径右补偿	G42 G00/G01 X __ Z __ F __
◆G50		1. 坐标系设定 2. 最高主轴速度限定	G50 X __ Z __ 或 G50 S __ (最高主轴转速)
G52	00	局部坐标系设定	G52 X __ Z __
G53		机床坐标系设定	G53 X __ Z __
◆G54		坐标系设定 1	G54
G55		坐标系设定 2	G55
G56	14	坐标系设定 3	G56
G57		坐标系设定 4	G57
G58		坐标系设定 5	G58
G59		坐标系设定 6	G59
G65	00	宏程序非模态调用	G65 P __ L __ (自变量指定)
G66	12	宏程序模态调用	G66 P __ L __ (自变量指定)
◆G67		取消宏程序模态调用	G67
G70		精车循环	G70 P __ Q __
G71	00	粗车内、外圆复合循环	G71 U __ R __ G71 P __ Q __ U __ W __ F __

续表

G 代码	组别	功能	程序格式及说明
G72	00	粗车端面复合循环	G72 W __ R __ G72 P __ Q __ U __ W __ F __
G73		固定形状粗加工复合循环	G73 U __ W __ R __ G73 P __ Q __ U __ W __ F __
G74		端面深孔钻削（车槽）循环	G74 R __ G74 X (U) __ Z (W) __ P __ Q __ R __ F __
G75		外圆、内孔钻削（车槽）循环	G75 R __ G75 X (U) __ Z (W) __ P __ Q __ R __ F __
G76		螺纹切削复合循环	G76 P $(m)(r)(\alpha)$　　Q __ R __ G76 X (U) __ Z (W) __ R __ P __ Q __ F __
◆G80	10	取消固定钻削循环	G80
G83		端面钻削循环	G83 X __ C __ Z __ R __ Q __ P __ F __ M __
G84		端面攻螺纹循环	G84 X __ C __ Z __ R __ P __ F __ K __ M __
G86		端面镗孔循环	G86 X __ C __ Z __ R __ P __ F __ K __ M __
G87		侧面钻削循环	G87 Z __ C __ X __ R __ Q __ P __ F __ M __
G88		侧面攻螺纹循环	G88 Z __ C __ X __ R __ F __ K __ M __
G90	01	单一形状内、外圆切削循环	G90 X __ Z __ F __ G90 X __ Z __ R __ F __
G92		螺纹切削循环	G92 X __ Z __ F __ G92 X __ Z __ R __ F __
G94		端面车削循环	G94 X __ Z __ F __ G94 X __ Z __ R __ F __
G96	02	恒线速切削	G96 S200（200 m/min）
◆G97		取消恒线速切削	G97 S600（600 r/min）
G98	05	每分钟进给	G98 F100（100 mm/min）
◆G99		每转进给	G99 F0.1（0.1 mm/r）

【说明】

1. "◆"号为缺省 G 代码，即在机床系统上电或复位时被初始化为该功能。但其中 G20 或 G21 指令保持有效。

2. 不同系统的 G 代码不一致，编程时以系统的说明书所规定的代码为准。

3. 表中 00 组的 G 功能为非模态 G 代码，其余组为模态 G 代码。

（1）模态功能代码。同组可相互注销，一旦被执行一直有效，直到被同组代码注销为止。

（2）非模态功能代码。只在所规定的程序段中有效，程序段结束时被注销。

4. 不同组的 G 代码在同一程序段中可以指定多个。如果在同一程序段中指定了多个同组的 G 代码，则执行最后指定的 G 代码。

5. 如果在固定循环中指定了 01 组的 G 代码，则固定循环取消。

2. 辅助功能

辅助功能也称 M 功能，它是用于指令机床辅助动作及状态的功能。辅助功能代码见表 1 - 3。

表 1 - 3　辅助功能代码

代码	功能说明	代码	功能说明
M00	无条件暂停	M10	车螺纹斜退刀
M01	条件暂停	M11	车螺纹直退刀
M02	程序结束	M12	误差检测
M03	主轴正转启动	M13	误差检测取消
M04	主轴反转启动	M19	主轴准停
◆M05	主轴停止	M30	程序结束并复位
M08	切削液打开	M98	调用子程序
◆M09	切削液停止	M99	子程序结束

【说明】

1. 模态 M 功能组中也包含部分开机默认功能，系统上电时将被初始化为该功能，在代码前加"◆"表示。

2. 另外，M 功能还可分为前作用 M 功能和后作用 M 功能两类。

（1）前作用 M 功能。在程序段编制的轴运动之前执行。

（2）后作用 M 功能。在程序段编制的轴运动之后执行。

3. M00、M02、M30、M98、M99 用于控制零件程序的走向，是 CNC 内定的辅助功能，不由机床制造商设计决定，也就是说与 PLC 程序无关。

4. 其余 M 代码用于机床各种辅助功能的开关动作，其功能不由 CNC 内定，而是由 PLC 程序指定，故有可能因机床制造厂不同而有差异，请使用者参考机床说明书。

3. 主轴功能

主轴功能又称 S 功能，S 代码用于控制主轴速度，该指令为模态指令，有恒转速和恒线速两种模式，开机默认为恒转速。恒转速功能后的数值表示主轴转速，单位为转/分（r/min）。

恒线速功能后的数值表示主轴线速度，单位为米/分（m/min）。

主轴速度还可借助于操作面板上的主轴倍率开关进行修调。

4. 刀具功能

刀具功能也称 T 功能，T 代码主要用来选择刀具。它由地址符 T 和后续数字组成，有 T2 位数法和 T4 位数法之分，具体对应关系由生产厂家确定。

T0101 表示选择 1 号刀并调用 1 号刀具补偿值。

T0000 表示取消刀具选择及刀补选择。

当一个程序段中同时指定 T 代码与刀具移动指令时，则先执行 T 代码指令选择刀具，然后执行刀具移动指令。

5. 进给功能

进给功能又称 F 功能，F 代码表示坐标轴的进给速度，有每分钟进给和每转进给两种模式，由 G98 或 G99 指令指定。

G98   每分钟进给量，单位为 mm/min；

G99   每转进给量，单位为 mm/r。

F 也是模态指令。在 G01、G02 或 G03 方式下，F 值一直有效。直到被新 F 值取代或被 G00 指令注销，G00 指令工作方式下的快速定位速度是各轴的最高速度，由系统参数确定，与编程无关。

三、数控加工程序的格式及组成

一个零件程序是一组被传送到数控装置中的指令和数据，而这个零件程序是由遵循一定结构、句法和格式规则的若干个程序段组成的，每个程序段又是由若干个指令字组成的。一个完整的数控程序都是由程序号、程序内容和程序结束三部分组成的。

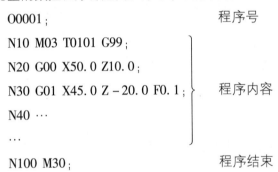

O0001；   程序号

N10 M03 T0101 G99；⎫

N20 G00 X50.0 Z10.0；⎪

N30 G01 X45.0 Z－20.0 F0.1；⎬   程序内容

N40 …⎪

…⎪

N100 M30；   程序结束

1. 程序段的格式

程序段的格式如图 1－26 所示。

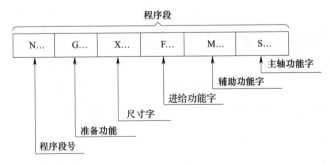

图 1－26   程序段的格式

2. 程序指令字的格式

一个指令字由地址符（指令字符）和数字（可带符号，也可不带符号）组成。程序中不同的指令字符及其后面的数值确定了每个指令字的含义，在数控程序段中包含的主要指令字符及其含义见表 1－4。

表 1－4   指令字符及其含义

机能	地址	含义
零件程序号	O	程序编号（0～9999）
程序段号	N	程序段号（N0～N…）
准备功能	G	指令动作方式（如直线、圆弧等）
尺寸字	X、Y、Z、U、V、W、A、B、C	坐标轴的移动、转动
	R	圆弧半径、固定循环的参数
	I、J、K	圆弧终点坐标
进给功能	F	进给速度指定
主轴功能	S	主轴旋转速度指定
刀具功能	T	刀具编号选择
辅助功能	M	机床开、关及相关控制
暂停	P、X	暂停时间指定
程序号指定	P	子程序号指定
重复次数	L	子程序的重复次数
参数	P、Q、R、U、W、I、K、C、A	车削复合循环参数
倒角控制	C、R	自动倒角参数

第四节 程序编制的工艺处理

　　数控加工工艺路线设计与通用机床加工工艺路线设计的主要区别在于它往往不是指从毛坯到成品的整个工艺过程，而仅仅是对几道数控加工工序或工艺过程的具体描述。由于数控加工工序一般都穿插于零件加工的整个工艺过程中，因此应注意与普通加工工艺衔接好。

　　掌握好数控加工中的工艺处理环节，除了应该掌握比普通机床加工更为详细和复杂的工艺规程外，还应具有扎实的普通加工工艺基础知识，对数控车床加工中工艺方案指定的各个方面要有比较全面的了解。在数控车床的加工中，造成加工失误或质量、效益不尽如人意的主要原因就是对工艺处理考虑不周。因此，必须充分掌握数控加工工艺编制的原则与方法。

一、数控加工工艺分析

　　工艺分析及处理是加工程序编制工作中较为复杂而又非常重要的环节之一，在填写加工程序单之前，必须对零件的加工工艺性进行周到、缜密的分析，以便正确、合理地选择机床、刀具、夹具等工艺装备，正确设计工序内容和刀具的加工路线，合理确定切削用量的参数。

1. 机床的合理选用

选择机床时，考虑的因素主要有毛坯材料和种类、零件轮廓形状复杂程度、尺寸大小、加工精度、零件数量、热处理要求等。因此，在根据工作任务合理选择机床时要注意以下三个方面的问题：

（1）要保证加工零件的技术要求，以便于加工出合格的产品。

（2）有利于提高生产效率。

（3）尽可能降低生产成本（加工费用）。

2. 数控加工零件工艺性分析

数控加工工艺性分析涉及面很广泛，在此仅从数控加工的可能性和方便性两方面加以分析。

（1）零件图样尺寸应符合便于编程的原则

1）零件图上尺寸标注方法应适应数控加工的特点。在数控加工零件图上，应以同一基准标注尺寸或直接给出坐标尺寸。这种标注方法既便于编程，也便于尺寸之间的相互协调，在保持设计基准、工艺基准、测量基准与编程原点设置的一致性方面具有较高的便利性。

由于零件设计人员一般在尺寸标注时较多地考虑装配等使用特性方面的问题，而不得不采用局部分散的标注方法，这样就会给工序安排与数控加工带来许多不便。但是，数控加工精度和重复定位精度都很高，不会产生较大的累积误差而破坏使用特性，因此，可将局部的分散标注法改为从同一基准标注尺寸或直接给出坐标尺寸的标注法。

2）构成零件轮廓的几何元素的条件应充分。在手工编程时要计算基点或节点坐标。因此，在分析零件图样时要分析几何元素的给定条件是否充分。例如，圆弧与直线、圆弧与圆弧在图样上相切，但根据图上给出的尺寸计算相切条件时，则发现以上元素变成了相交或相离状态。由此例可知，由于构成零件几何元素条件的不充分，使编程时无法下手。遇到这种情况时，应与零件设计者协商解决。

（2）零件各加工部位结构工艺性应符合数控加工特点

1）零件的内腔及外形最好采用统一的几何类型和尺寸。这样可以减少刀具规格和换刀次数，使编程方便，生产效率提高。

2）内槽圆角的大小决定着刀具直径的大小，因此内槽圆角半径不应过小。零件工艺性的好坏与被加工轮廓的高低、连接圆弧半径的大小等有关。

3）应采用统一的基准定位。在数控加工中，若没有统一的基准定位，会因工件的重新装夹而导致加工后的两个面上轮廓位置及尺寸不协调。因此，为避免产生上述问题，保证两次装夹加工后其相对位置的准确性，应采用统一的基准定位。

此外，数控加工零件工艺性分析还应分析所要求的零件加工精度、尺寸公差等是否可以得到保证，有无引起矛盾的多余尺寸或影响工序安排的封闭尺寸等。

3. 加工方法的选择与加工方案的确定

（1）加工方法的选择

加工方法的选择原则是保证加工表面的加工精度和表面粗糙度的要求。由于获得同一级精度及表面粗糙度的加工方法一般有多种，因而在实际选择时，要结合零件的形状、尺寸大小和热处理要求等全面考虑。

（2）加工方案的确定原则

比较精密的零件常常是通过粗加工、半精加工和精加工逐步完成加工的。对这些表面仅仅根据质量要求选择相应的最终加工方法是不够的，还应正确地确定从毛坯到最终成形的加工方案。

4. 工序与工步的划分

（1）工序的划分

根据数控加工的特点，数控加工工序的划分一般可按下列方法进行：

1）以一次装夹、加工作为一道工序。这种方法适合于加工内容较少的工件，加工完毕即达到待检状态。

2）以同一把刀具加工的内容划分工序。有些工件虽然能在一次装夹中加工出很多待加工表面，但因程序太长可能会受到某些限制，如控制系统的内存容量限制、机床连续工作时间的限制（如一道工序在一个工作班内不能结束）等。此外，程序太长会增加错误及检索困难。因此，每道工序的内容不可太多。

3）以加工部位划分工序。对于加工内容较多的工件（见图1-27），可按其结构特点将加工部位分成几个部分，如内腔、外形、曲面或平面等，并将每一部分的加工作为一道工序。如图1-27所示为加工工序示意图，第一次先进行外圆、台阶和锥面的加工，然后二次装夹（掉头）车削圆弧。

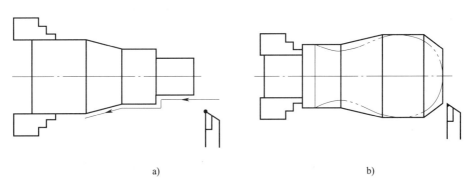

　　　　a)　　　　　　　　　　　　　　　　b)

图1-27　加工工序示意图

4）以粗、精加工划分工序。对于经加工后易产生变形的工件，由于粗加工后可能产生的变形需要进行校正，故一般来说，凡要进行粗、精加工的都要将工序分开。

（2）顺序的安排

顺序的安排应根据零件的结构和毛坯状况，以及定位与夹紧的需要来考虑。一般应按以下原则安排顺序：

1）上道工序的加工不能影响下道工序的定位与夹紧，中间穿插有通用机床加工工序的也应综合考虑。

2）先进行内腔加工，后进行外形加工。

3）以相同定位、夹紧方式或同一把刀具加工的工序最好连续加工，以减少重复定位次数和换刀次数等。

（3）数控加工工序与普通工序的衔接

数控加工工序前、后一般都穿插有其他普通加工工序，如衔接得不好就容易产生矛盾。因此，在熟悉整个加工工艺内容的同时，要清楚数控加工工序与普通加工工序各自的技术要求、加工目的、加工特点。例如，要不要留加工余量，留多少余量；定位面与孔的精度要求及几何公差；对校形工序的技术要求；对毛坯的热处理要求等。这样才能使各工序相互满足加工需要，且质量目标及技术要求明确，交接验收有依据。

二、数控加工工艺处理步骤

1. 图样分析

图样分析的目的在于全面了解零件轮廓及精度等各项技术要求，为下一步骤的进行提供依据。在该项分析过程中，还可以同时进行一些编程尺寸的简单换算，如增量尺寸、绝对尺寸、中值尺寸及尺寸链计算等。在数控编程实践中，常常对零件要求的尺寸进行中值计算，将其作为编程的尺寸依据。

2. 工艺分析

工艺分析的目的在于分析工艺可能性和工艺优化性。工艺可能性是指考虑采用数控加工的基础条件是否具备，能否经济控制其加工精度等；工艺优化性主要指针对机床（或数控系统）的功能等要求能否尽量减少刀具种类及零件装夹次数，以及切削用量等参数的选择能否适应高速度、高精度的加工要求等。

3. 工艺准备

工艺准备是工艺处理工作中不可忽视的重要环节。它包括对机床操作编程手册、标准刀具和通用夹具样本及切削用量表等资料的准备，机床（或数控系统）的选型和机床有关精度及技术参数（如综合机械间隙等）的测定，刀具的预调（对刀），补偿方案的指定以及外围设备（如自动编程系统、自动排屑装置等）的准备工作。

4. 工艺设计

在完成上述步骤的基础上，完成其工艺设计（构思）工作。如选取零件的定位基准、确定夹具方案、划分工步、选取刀具和量具、确定切削用量等。

5. 实施编程

将工艺设计的构思通过加工程序单表达出来，并通过程序校验来验证其工艺处理（含数值计算）的结果是否符合加工要求，是否为最佳方案。

三、刀具的选择与切削用量的确定

在数控加工中，产品质量和劳动生产率在相当大的程度上受到刀具的制约。虽然车刀的切削原理与普通车床基本相同，但由于数控加工特性的要求，其刀具的选择特别是切削部分的几何参数必须加以特别的处理，只有保证刀具的形状才能满足数控车床的加工要求，充分发挥数控车床的效益。

1. 刀具性能要求

（1）强度高

为适应刀具在粗加工或对高硬度材料的零件加工时能大切深和快走刀，要求刀具必须具有较高的强度；刀柄细长的刀具（如深孔车刀等）还应有较好的抗振性能。

（2）精度高

为适应数控加工的高精度和自动换刀等要求，刀具及其刀夹都必须具有较高的精度。

（3）切削速度和进给速度高

为提高生产效率并适应一些特殊加工的需要，刀具应能满足高切削速度的要求。例如，采用聚晶金刚石复合车刀加工玻璃或碳纤维复合材料时，其切削速度高于 100 m/min。

（4）可靠性好

为保证数控加工中不会因刀具意外损坏及潜在缺陷而影响加工的顺利进行，要求刀具及与之组合的附件必须具有很好的可靠性和较强的适应性。

（5）刀具寿命高

刀具在切削过程中的不断磨损会造成加工尺寸的变化，伴随刀具的磨损，还会因切削刃（或刀尖）变钝使切削阻力增大，这样既会使被加工零件的表面质量大大下降，还会加剧刀具磨损，形成恶性循环。因此，无论在粗加工、精加工或特殊加工中，数控车床中的刀具都应具有比普通车床加工所用刀具更高的刀具寿命，以减少更换或修磨刀具及对刀的次数，从而保证零件的加工质量，提高生产效率。刀具寿命高的刀具至少应完成 1 个班次以上的加工。

（6）断屑及排屑性能好

有效的断屑性能对保证数控车床顺利、安全的运行具有非常重要的意义。如果车刀的断屑性能不好，车出的螺旋形切屑就会缠绕在刀头、工件或刀架上，这样既可能损坏车刀（特别是刀尖），还可能割伤工件的已加工表面，甚至会伤人及出现设备事故。因此，在数控车削加工所用的硬质合金刀片上，常常采用三维断屑槽，以增大断屑范围，改善断屑性能。另外，如果车刀的排屑性能不好，会使切屑在前面或断屑槽内堆积，加大切削刃（刀尖）与工件间的摩擦，加快车刀的磨损，降低工件的表面质量，还可能产生积屑瘤，影响车刀的切削性能。故应常对车刀采取减小前面（断屑槽）摩擦因数等处理措施（如特殊涂层处理及改善刃磨效果等）。对于内孔车刀，需要时还可以考虑从刀体或刀柄的里面引入切削液，并能从刀头附近喷出的冲排结构。

2. 刀具材料要求

这里所说的刀具材料，主要是指刀具切削部分的材料，较多的指刀片材料。刀具材料必须具备以下主要性能：

（1）较高的硬度和耐磨性。

（2）较高的耐热性。

（3）足够的强度和韧性。

（4）较好的导热性。

（5）良好的工艺性。

（6）较好的经济性。

3. 刀具的类型

为适应机械加工技术特别是数控机床加工技术的高速发展，刀具材料除了大量采用高速钢及硬质合金外，新型材料也不断被采用。

机夹刀具安装及调整方便，减少换刀时间且对刀方便，可以充分选择优质刀具材料，便于实现刀具标准化，而且涂层刀片的应用可使刀具寿命提高 1~10 倍。如图 1-28 所示为数控车床用刀具。

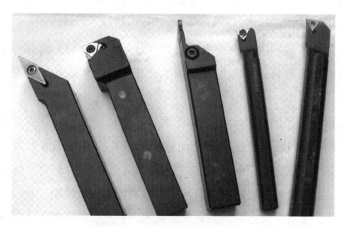

图 1-28　数控车床用刀具

4. 切削用量的确定

切削用量包括主轴转速（切削速度）、背吃刀量、进给量。对于不同的加工方法，需要选择不同的切削用量,并应编入程序单内。

合理选择切削用量的原则是:粗加工时,一般以提高生产效率为主,但也应考虑经济性和加工成本;半精加工和精加工时,应在保证加工质量的前提下兼顾切削效率、经济性和加工成本。具体数值应根据机床说明书、切削用量手册并结合经验确定。

四、对刀点与换刀点的确定

在编程时,应正确地选择"对刀点"和"换刀点"的位置。"对刀点"就是在数控机床上加工零件时,刀具相对于工件运动的起点。由于程序段从该点开始执行,所以对刀点又称"程序起点"或"起刀点"。

对刀点的选择原则是:便于用数字处理和简化程序的编制;在机床上找正容易,加工中便于检查;引起的加工误差小。

对刀点可选在工件上,也可选在工件外面,如选在夹具上或机床上。

"换刀点"就是零件加工过程中更换刀具的相关点。设立换刀点的目的是在更换刀具时让刀具处于一个比较安全的区域,换刀点可在远离工件和尾座处,也可在便于换刀的任何地方。

五、加工路线的确定

在数控加工中,刀具刀位点相对于工件运动的轨迹称为加工路线。编程时,加工路线的确定原则主要有以下三个方面:

1. 保证加工精度

加工路线应保证被加工零件的精度和表面粗糙度。

2. 程序段越少越好

在加工程序的编制过程中,为使程序简洁、减少出错率及提高编程工作效率等,总是希望以最少的程序段实现对零件的加工。

因此,在编程时应重点考虑使其粗车的程序段数和辅助程序段数为最少。例如,在粗加工时采用机床数控系统的固定循环等功能,可大大减少其程序段数;又如,在编程中尽量避免使刀具在每次进给后均返回至对刀点或机床的固定原点位置,可减少辅助程序段的段数。

3. 进给路线越短越好

由于精加工切削时进给路线基本上都是沿零件轮廓顺序进行的,确定进给路线的重点主要在于确定粗加工和空行程路线。

在保证加工质量的前提下,使加工程序具有最短的进给路线,不仅可以节省整个加工过程的执行时间,还能减少一些不必要的刀具消耗及机床进给机构滑动部件的磨损等。此外,最短的切削进给路线还可有效地提高生产效率,以及大大降低刀具损耗等。在安排粗加工或半精加工的切削进给路线时，应兼顾被加工零件的刚度及加工工艺要求；否则，在加工过程中零件刚度降低会直接影响零件的加工质量。

如图 1 - 29 所示为粗车工件时安排的几种不同切削进给路线。其中，图 1 - 29a 所示为利用数控系统的复合循环功能，控制车刀每次均按与零件轮廓相同的轨迹进给；图 1 - 29b 所示为利用数控系统的程序循环功能安排的三角形进给路线；图 1 - 29c 表示为利用数控系统的固定（矩形）循环功能安排的矩形进给路线。

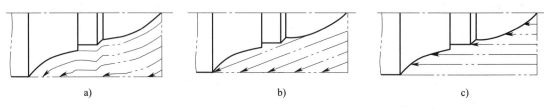

图 1 - 29 粗车工件时的切削进给路线

a）按与零件轮廓相同的轨迹进给 b）三角形进给路线 c）矩形进给路线

在以上三种切削进给路线中，矩形进给路线的走刀长度总和为最短。因此，在同等条件下，其切削所需时间（不含空行程）为最短，刀具的损耗小。另外，矩形循环加工的程序段格式较简单，所以这种进给路线的安排在制定加工方案时应用较多。

第五节　手工编程的数学处理

在手工编程工作中，数学处理不仅占有相当大比例的工作量，有时甚至成为零件加工成败的关键。它不仅要求编程人员具有较扎实的数学基础知识，还要求掌握一定的计算技巧，并具有灵活处理问题的能力，这样才能准确和快捷地完成计算处理工作。

图形数学处理一般包括两个方面，一方面，要根据零件图给出的形状、尺寸和公差等直接通过数学方法（如几何与解析几何法等）计算出编程时所需有关各点的坐标值、圆弧插补所需的圆弧圆心坐标；另一方面，当按照零件图给出的条件还不能直接计算出编程所需要的所有坐标值，或者不能直接根据工件轮廓几何要素自动编程时，那么就必须根据所采用的具体工艺方法、工艺装备等加工条件，对原零件图形及有关尺寸进行必要的数学处理，才可以进行各点的坐标计算和编程工作。

常用计算方法有三角函数计算法、平面解析几何计算法等，下面就日常编程时常用的几种数学处理方法做简单介绍。

一、数值换算

1. 标注尺寸换算

在很多情况下，因图样尺寸基准与编程所需要的尺寸基准不一致，故应首先将图样尺寸换算为编程坐标系中的尺寸（即要选择编制加工程序时所使用的编程原点来确定编程坐标系中的尺寸），然后再进行下一步数学处理工作。

（1）直接换算

直接换算是指直接通过图样上的标注尺寸即可获得编程尺寸的一种方法。进行直接换算时，可对图样给定基本尺寸或极限尺寸中值进行简单加减运算，从而完成换算工作。

标注尺寸计算如图 1-30 所示。如图 1-30b 所示，除尺寸 42.1 mm 外，其余均属直接按图 1-30a 的标注尺寸经换算后而得到的编程尺寸，其中，ϕ59.94 mm、ϕ20 mm、139.92 mm 三个尺寸分别是取两极限尺寸平均值后得到的编程尺寸。

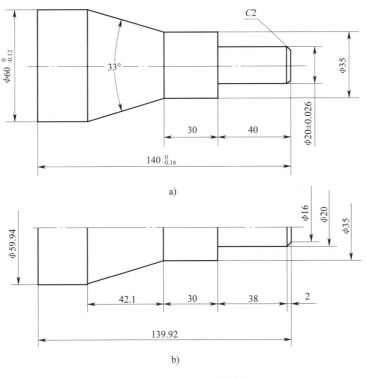

图 1-30　标注尺寸计算

在取极限尺寸中值时，如果遇到有第三位小数值（或更多位小数），基准孔按照"四舍五入"的方法处理，基准轴则将第三位进上一位，例如：

1）当孔尺寸为 $\phi20^{+0.052}_{0}$ mm 时，其中值尺寸取 ϕ20.03 mm；

2）当轴尺寸为 $\phi16^{0}_{-0.033}$ mm 时，其中值尺寸取 ϕ15.99 mm；

3）当孔尺寸为 $\phi16^{+0.027}_{0}$ mm 时，其中值尺寸取 ϕ16.01 mm。

（2）间接换算

间接换算是指需要通过平面几何、三角函数等计算方法进行必要的解算后，才能得到其编程尺寸的一种方法。

用间接换算方法所换算出来的尺寸可以是直接编程时所需的基点坐标尺寸，也可以是为计算某些基点坐标值所需的中间尺寸。

2. 坐标值计算

编制加工程序时，需要进行的坐标值计算工作包括基点的直接计算、节点的拟合计算及刀具中心轨迹的计算等。

二、基点计算

1. 基点的含义

构成零件轮廓的不同几何素线的交点或切点称为基点，如图 1 – 31 所示，它可以直接作为其运动轨迹的起点或终点。图 1 – 31 中 A、B、C、D、E 和 F 各点都是该零件轮廓上的基点。

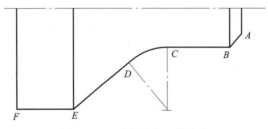

图 1 – 31　零件轮廓上的基点

2. 基点直接计算的内容

根据直接填写加工程序时的要求，该内容主要包括每条运动轨迹（线段）的起点或终点在选定坐标系中的坐标值、圆弧运动轨迹的圆心坐标值。

基点直接计算的方法比较简单，一般根据零件图样所给已知条件由人工完成。

3. 节点的拟合计算

（1）节点的含义

在加工程序的编制工作中，当采用不具备非圆曲线插补功能的数控机床加工非圆曲线轮廓的零件时，常常需要用直线或圆弧近似代替非圆曲线，称为拟合处理。拟合线段的交点或切点称为节点。例如，在数控机床上加工椭圆、双曲线、抛物线、阿基米德螺旋线或用一系列坐标点表示的列表曲线轮廓的零件时，就要用直线或圆弧去逼近被加工曲线。这时，逼近线段与被加工曲线的交点就称为节点。如图 1 – 32 所示，当用直线逼近曲线时，A、B、C、D、E 各点均为零件轮廓上的节点。

（2）节点拟合计算的内容

节点拟合计算的难度及工作量都很大，故宜通过计算机绘图软件来完成。必要时，也可由人工计算完成，但对编程者的数学处理能力要求较高。拟合结束后，还必须通过相应的计算，对每条拟合段的拟合误

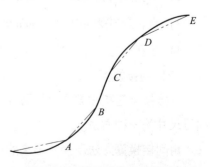

图 1 – 32　零件轮廓上的节点

差进行分析，将误差值降到最小。

三、三角函数计算法

三角函数计算法简称三角计算法。在手工编程工作中，因为这种方法比较容易被掌握，所以应用十分广泛，是进行数学处理时应重点掌握的方法之一。

三角计算法主要应用三角函数关系式及部分定理表达式进行计算。

1. 对于直角三角形

$$角的正弦：\sin\alpha = \frac{对边}{斜边} \qquad 角的余弦：\cos\alpha = \frac{邻边}{斜边}$$

$$角的正切：\tan\alpha = \frac{对边}{邻边} \qquad 角的余切：\cot\alpha = \frac{邻边}{对边}$$

勾股定理：$a^2 + b^2 = c^2$

所以

$$a = \sqrt{c^2 - b^2}$$

$$b = \sqrt{c^2 - a^2}$$

$$c = \sqrt{a^2 + b^2}$$

式中　a、b、c——直角三角形的边长，其中 c 为斜边，mm。

2. 对于任意三角形

正弦定理

$$\frac{a}{\sin A} = \frac{b}{\sin B} = \frac{c}{\sin C} = 2R$$

式中　a、b、c——$\angle A$、$\angle B$、$\angle C$ 所对边的边长，mm；

　　　R——三角形外接圆的半径，mm。

余弦定理

$$\cos A = \frac{b^2 + c^2 - a^2}{2bc}$$

提示

　　正弦定理一般用于已知两边一角求另两个角度或已知两角一边求另两边；而余弦定理一般用于已知三边求角度。

例 1 - 2　如图 1 - 33 所示的零件，现用三角计算法求基点及圆心的坐标。

（1）分析

1）如图 1 - 33b 所示，此例未给出 C 和 E 两点的坐标，就必须求出 AG、DF、EF、CH、AH 的长度。

2）分析图 1 - 33b 中直线、圆弧之间的关系，本零件为直线切 $R7$ mm 的圆弧再切 $R4$ mm 的圆弧。

3）根据图中的关系作相关的辅助线：连接 R4 mm 和 R7 mm 圆弧的圆心交切点于 F，过 R7 mm 圆弧的圆心作直线，与直线 BC 垂直交于切点 C；再将相关的辅助线连接起来，如图 1－33b 所示。

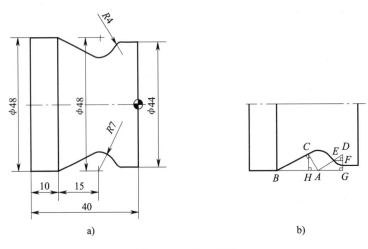

图 1－33　基点计算

（2）解题方法

根据已知条件，图形属于"直线—圆弧—圆弧—直线相切"的情况，所以利用三角形相似和勾股定理来计算。

（3）解题步骤

1）求 AG 的长度。已知 $AE = 7$，$DE = 4$，则 $AD = AE + DE = 7 + 4 = 11$

$$DG = \frac{48 - 44}{2} + 4 = 6$$

在 △ADG 中，根据直角三角形的勾股定理可得：

$$AG = \sqrt{AD^2 - DG^2} = \sqrt{11^2 - 6^2} \approx 9.220$$

2）求 DF 和 EF 的长度。在 Rt△ADG 与 Rt△EDF 中，$\angle ADG = \angle EDF$

所以　　　　　　　　　　　　　　△ADG ∽ △EDF

那么　　　　　　　　　　　　　　$$\frac{DF}{DG} = \frac{DE}{DA}$$

$$\frac{DF}{6} = \frac{4}{11}$$

$$DF \approx 2.182$$

$$\frac{EF}{AG} = \frac{DE}{DA}$$

$$\frac{EF}{9.220} = \frac{4}{11}$$

$$EF \approx 3.353$$

3）求 *AH* 和 *CH* 的长度。已知 *AC* = 7，*AB* = 15

在 Rt△*ACH* 与 Rt△*ABC* 中，∠*ACH* = ∠*ABC*

所以 $$△ACH \backsim △ABC$$

那么 $$\frac{AH}{AC} = \frac{AC}{AB}$$

$$\frac{AH}{7} = \frac{7}{15}$$

$$AH \approx 3.267$$

在△*ACH* 中，根据勾股定理可得：

$$CH = \sqrt{AC^2 - AH^2} = \sqrt{7^2 - 3.267^2} \approx 6.191$$

4）求 *E* 点坐标

$$X_E = 36 + 2DF$$
$$= 36 + 4.364$$
$$= 40.364$$

$$Z_E = -(40 - 10 - AB - AG + EF)$$
$$= -(40 - 10 - 15 - 9.220 + 3.353)$$
$$= -9.133$$

所以 *E* 点坐标为（X40.364，Z – 9.133）。

5）求 *C* 点坐标

$$X_C = 48 - 2CH$$
$$= 48 - 12.382$$
$$= 35.618$$

$$Z_C = -(40 - 10 - AB + AH)$$
$$= -(40 - 10 - 15 + 3.267)$$
$$= -18.267$$

所以 *C* 点坐标为（X35.618，Z – 18.267）。

四、平面解析几何计算法

虽然三角计算法在应用中具有分析直观、计算结果简便等优点，但有时为计算一个简单图形，却需要添加若干条辅助线，并分析数个三角形之间的关系。而应用平面解析几何计算法可省掉一些复杂的三角形关系，用简单的数学方程即可准确地描述零件轮廓的几何图形，使分析和计算的过程都得到简化，并可减少多层次的中间运算，使计算误差大大减小，计算结果更加准确，且不易出错。因此，在数控车床的手工编程中，平面解析几何计算法是应用较普遍的计算方法之一。

平面解析几何主要采用直线和圆弧的方程解基点的计算法，有关定理的表达式如下：

1. 直线方程的形式

$$Ax + By + C = 0$$

式中，A、B、C 为任意实数，并且 A 和 B 不能同时为零。

2. 直线方程的标准形式（斜截式）

$$y = kx + b$$

式中，k 为直线的斜率，即直线与 X 轴正向夹角的正切值 $\tan\theta$，如图 1 – 34 所示。

3. 直线方程的点斜式

$$y - y_1 = k(x - x_1)$$

式中，x_1 和 y_1 为直线通过已知点的坐标。

4. 直线方程的截距式

$$\frac{x}{a} + \frac{y}{b} = 1$$

式中，a 和 b 分别为直线在 X 轴、Y 轴上的截距。

5. 点到直线的距离公式

点 $P(x_1, y_1)$ 到直线 $L(Ax + By + C = 0)$ 的距离如图 1 – 35 所示，距离 d 的计算公式为：

$$d = \frac{|Ax + By + C|}{\sqrt{A^2 + B^2}}$$

化简后得 $$Ax + By + C \pm d\sqrt{A^2 + B^2} = 0$$

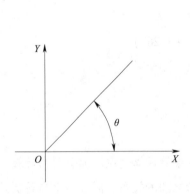

图 1 – 34　直线的斜率

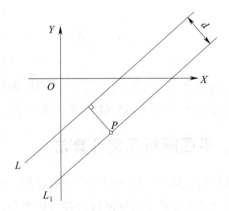

图 1 – 35　点到直线的距离

6. 圆的标准方程

$$(x - a)^2 + (y - b)^2 = R^2$$

式中，a 和 b 分别为圆心的横坐标、纵坐标；R 为圆的半径。

圆心在坐标原点上的圆方程为：

$$x^2 + y^2 = R^2$$

7. 一元二次方程 $ax^2 + bx + c = 0$ （$a \neq 0$） 的求根公式

$$x = \frac{-b \pm \sqrt{b^2 - 4ac}}{2a}$$

例 1 - 3　如图 1 - 36 所示的零件，现用平面解析几何计算法求基点及圆心的坐标。

（1）分析

1）该实例为一个圆与一条已知的直线相切的例子，解题的重点是求出 $R25$ mm 圆弧的圆心坐标。

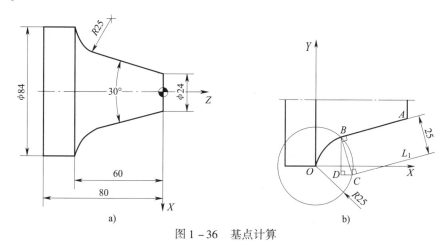

图 1 - 36　基点计算

2）将已知直线 AB 向下方平移 25 mm（按 $R25$ mm）得直线 L_1，以 O 点为圆心作 $R25$ mm 的圆弧；该圆弧与直线 L_1 的交点 C 则为 $R25$ mm 圆弧的圆心。

（2）解题方法

根据已知条件，用直线 L_1 与 $R25$ mm 的圆弧组成方程求出圆心 C 点的坐标，再利用三角函数来计算。

（3）解题步骤

1）设直角坐标系（以 O 为原点）如图 1 - 36b 所示，A 点坐标为（60，30），建立 AB 的点斜式直线方程：

$$y - 30 = \tan 15°(x - 60)$$

化简为　　　　　　　　　　　$y = 0.268x + 13.923$

2）建立 L_1 的直线方程的点到直线距离公式如下：

$$d = \frac{|Ax + By + C|}{\sqrt{A^2 + B^2}}$$

通过公式换算得到　　　$y = 0.268x + 13.923 \pm 25 \sqrt{0.268^2 + 1^2}$

由于直线往下平移，点到直线的距离式中取负号，所以：

$$y \approx 0.268x - 11.959$$

3）建立 $R25$ mm 的圆弧方程

$$x^2 + y^2 = 25^2$$

4）建立直线 L_1 与 $R25$ mm 圆弧方程组

$$\begin{cases} y = 0.268x - 11.959 & ① \\ x^2 + y^2 = 25^2 & ② \end{cases}$$

把①式代入②式得：

$$x^2 + (0.268x - 11.959)^2 = 25^2$$

化简得：$1.072x^2 - 6.410x - 481.982 = 0$

代入求根公式 $x = \dfrac{-b \pm \sqrt{b^2 - 4ac}}{2a}$，求出 $x_1 \approx 24.403$，$x_2 \approx -18.424$。

根据图形尺寸要求取 x 值为正值，即 $x = 24.403$。

把 x 值代入②式求 y 值：

$$y = \sqrt{25^2 - x^2} \approx 5.431$$

5）在 $\mathrm{Rt}\triangle BCD$ 中，已知 $BC = 25$，$\angle CBD = 15°$，求 BD 和 CD。

$$\sin \angle CBD = \frac{CD}{BC}$$

则

$$CD = \sin \angle CBD \times BC = \sin 15° \times 25 \approx 6.470$$

$$\cos \angle CBD = \frac{BD}{BC}$$

则

$$BD = \cos \angle CBD \times BC = \cos 15° \times 25 \approx 24.148$$

6）求 B 点的坐标

$$X_B = 84 - 2(BD - 5.431) = 84 - 2 \times 18.717 = 46.566$$

$$Z_B = -[60 - (24.403 - CD)] = -42.067$$

则 B 点的坐标为（X46.566，Z -42.067）。

思考与练习

1. 数控车床由哪几大部分组成？各部分的作用是什么？

2. 数控车床坐标系是怎样确定的？

3. 什么是工件原点？

4. 一个完整的加工程序由哪几部分组成？其开始部分和结束部分常用什么符号及代码表示？

5. 加工程序单由哪几部分构成？填写加工程序单时应注意什么问题？

6. 为什么说工艺分析及处理是编程中非常重要的工作之一？工艺分析包括哪些内容？

7. 制定加工方案有哪些常用方法？

8. 工艺处理的原则和步骤是什么？

9. 数控刀具应具备哪些特点？

第二章　数控车床基本操作

第一节　FANUC系统面板介绍

一名合格的数控车床操作工必须熟练掌握数控机床的各种基本操作方法。不同类型的数控车床配备的数控系统也不尽相同，其面板功能和布局也各不一样。因此，在操作设备前要仔细阅读编程与操作说明书。本节以CK6140型数控车床FANUC 0i系统为例，介绍操作面板的组成及基本操作步骤。

FANUC 0i系统数控车床的操作面板由数控系统操作面板和机床操作面板两部分组成，如图2-1所示。

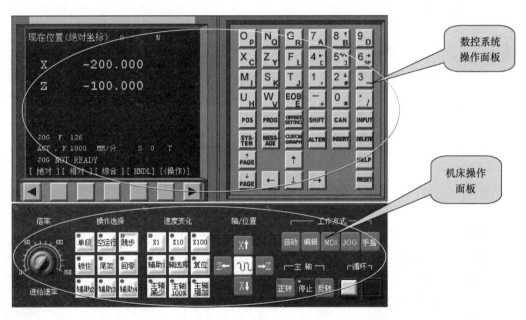

图2-1　典型的FANUC 0i系统数控车床的操作面板

一、数控系统操作面板

数控系统操作面板由显示屏和MDI键盘两部分组成，如图2-2所示，其中显示屏主要用来显示相关坐标位置、程序、图形、参数、诊断、报警等信息；而MDI键盘包括数字、字母键以及功能按键等，可以进行程序、参数、机床指令的输入及系统功能的选择。编辑面板上各按键的名称及功能见表2-1。

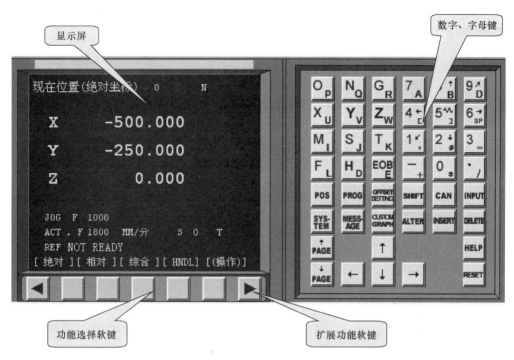

图 2-2 数控系统操作面板

表 2-1   编辑面板上各按键的名称及功能

功能键图标	名称	功能
	数字、字母键	数字、字母键用于输入数据到输入区域
RESET	复位键	按下这个键可以使 CNC 复位或者取消报警等
HELP	帮助键	当对 MDI 键的操作存在疑问时，按下这个键可以获得帮助
[绝对][相对][综合][HNDL](操作)	软键	根据不同的界面，软键有不同的功能。软键功能显示在屏幕的底端
SHIFT	切换键	在键盘上的切换键具有上挡切换功能。按下"SHIFT"键可以在数字和字母之间进行切换

功能键图标	名称	功能
INPUT	输入键	当按下一个字母键或者数字键时，再按该键，数据被输入缓存区，并且显示在屏幕上
CAN	取消键	用于删除最后一个进入输入缓存区的字符或符号
ALTER	替换键	用输入的字符替代光标所在处的字符
INSERT	插入键	将输入域中的字符插入当前光标之后的位置
DELETE	删除键	删除光标所在处的字符或者删除一个数控程序以及删除全部数控程序
POS	坐标显示、位置键	按此键进入位置显示界面，屏幕位置显示有三种方式，用"PAGE"键选择
PROG	程序显示与编辑界面键	按此键进入数控程序显示与编辑界面
OFFSET SETTING	偏置参数输入界面键	循环按下此键，在坐标系设置界面、刀具补偿参数界面间切换。进入不同的界面以后，用"PAGE"键切换
CUSTOM GRAPH	图形参数设置界面键	用来设定图形参数，进行图形模拟
MESS-AGE	信息界面键	按此键以显示信息屏幕
SYS-TEM	系统参数界面键	按此键以显示系统参数屏幕
↑ ← ↓ →	光标移动键	用于使光标上下或前后移动
↑PAGE ↓PAGE	翻页键	用于将屏幕显示的界面往前翻页或往后翻页
EOB E	换行键	结束一行程序的输入并且换行

系统操作面板上的按键通常分为功能键和软键两种。功能键用来选择将要显示的屏幕界面。按下功能键之后再按下与屏幕文字相对的软键，就可以选择与所选功能相关的屏幕。

二、机床操作面板

如图2-3所示，机床操作面板上的各种功能键可执行简单的操作，可以直接控制机床的动作及加工过程，各按键的名称及功能见表2-2。

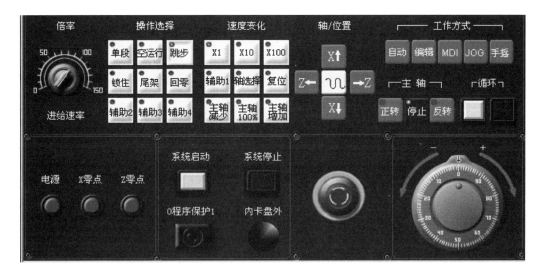

图2-3 机床操作面板

表2-2 操作面板上各按键的名称及功能

功能键图标	名称	功能
单段	单段	用于在自动加工时执行单个程序段指令（按一次"循环启动"键，执行一个程序段，直到程序运行完成）
空运行	空运行	用于程序输入完毕校验程序及机床运动轨迹是否正确
跳步	跳步	如程序中使用了跳步符号"/"，当按下该键后，程序运行到有该符号标定的程序段时，即跳过不执行该段程序
锁住	机床锁	用来锁住机床的所有机械运动
回零	机床回零	在此模式下，可进行机床的回零操作并建立机床坐标系（机床开机后首先进行回参考点操作）

续表

功能键图标	名称	功能
倍率 进给速率	进给倍率修调	调整该旋钮可实现在自动加工或手动加工时的进给速度修调
自动	自动加工功能	执行程序的自动加工
编辑	编辑功能	程序的建立、编辑、修改、插入及删除
MDI	手动数据输入、执行	执行手动输入程序段和参数设定功能
JOG	手动操作	对刀及调整机床滑板位置时使用。通过机床操作键可手动换刀，手动移动机床各轴，手动主轴正、反转
手摇	手轮	在此模式下，与 X 轴、Z 轴的方向开关配合摇动手轮，控制机床滑板沿 X 轴或 Z 轴方向的进给
方向控制键	方向控制键	在此模式下，按下 ⟲ 键及相应的 X 或 Z 方向键，则机床做相应方向的快速移动
0程序保护1	程序保护锁	将操作面板上的保护钥匙或模式选择钮转至"OFF"，可输入或修改程序；转至"ON"则锁定程序
急停按钮	急停按钮	在自动加工或机床出现紧急故障时，按下此按钮可切断机床所有正在执行的动作，同时保持现有状态并报警
系统启动 系统停止	数控系统启动按键	给数控系统上电，启动数控系统

第二节 数控车床基本操作

一、开机与关机

1. 机床开机操作

在机床的主电源开关接通之前，操作者必须做好检查工作，检查机床的防护门、电气柜门等是否关闭，所有油量是否充足等，检查操作是否遵守了《机床使用说明书》中规定的注意事项。当以上各项均符合要求时，方可进行送电操作。

（1）按下系统电源开关按钮，电源接通，系统启动后，显示系统的初始状态。

（2）操作者须对 CRT 显示屏显示内容及机床各种工作状态指示灯做进一步检查，然后进行下一步的操作。

2. 电源断开工作

（1）检查操作面板上表示循环启动的 LED（发光二极管）是否关闭。

（2）检查机床的移动部件是否都已经停止。

（3）如果有外部的输入、输出设备连接到机床上，应先关掉外部输入、输出设备的电源。

（4）按下急停按钮。

（5）按照机床厂家说明书的规定关闭机床电源。

二、回零操作

一般情况下，开机或数控系统断电重新启动后的首要工作就是回机床参考点——回零。如果没有返回参考点，则参考点指示灯将不停地闪烁，提醒操作者进行该项操作。其操作步骤如下：

1. 检查坐标值，保证 X 轴、Z 轴坐标至少在 -30 mm 以下。若不符合要求，则选择手动操作模式，按动 [X↑] 和 [Z←] 方向键将机械坐标值移动到符合要求为止。

2. 选择回零工作方式。

3. 按下坐标轴移动键中的 [X↓] 和 [→Z] 方向键，X 轴、Z 轴先后返回机床零点，同时回参考点指示灯 亮。为确保安全，与其他数控机床（数控铣床和加工中心先回 Z 轴）操作不同的是：数控车床一般首先进行 X 轴回零。

提示

数控车床回零时必须先回 X 轴，再回 Z 轴；否则，刀架可能与尾座发生碰撞。

三、手动操作

手动操作方式是通过按动 X 轴、Z 轴的方向移动按钮控制两轴移动的。其操作步骤如下：

1. 按下 JOG 键，系统处于手动操作运行方式。

2. 使用机床操作面板上的进给速度修调旋钮 选择进给速度。

3. 根据需要移动的方向，按坐标轴移动键 中相应的方向键。

4. 按方向键的同时按下中键 ，则实现手动快速移动。

四、对刀操作

在数控车床的操作过程中有两项重要的操作内容，即工件坐标系的设置与刀具补偿值（刀偏量）的设置。多数操作说明书把这两项操作合并为一项，统称对刀。对刀的正确与否将直接影响数控车床的正常运行。工件坐标系与刀具补偿值设置的误差直接反映在被加工工件的尺寸精度上。误差过大会造成零件报废，严重时可导致机床、滑板、刀具及工件之间发生碰撞，造成极大的损失。

对刀操作的实质就是通过具体操作，在固定的机床坐标系的基础上建立毛坯、刀具和编程坐标之间的关系。

1. 对刀

对刀是数控加工中较为复杂的工艺准备工作之一。对刀操作的准确性将直接影响到所加工零件的尺寸精度。数控车床对刀时常采用试切对刀、机械对刀仪对刀（接触式）、光学对刀仪对刀（非接触式）等方法，如图 2-4 所示。

通过对刀或刀具预调，还可同时测定各号刀的刀位偏差，有利于设定刀具补偿量。

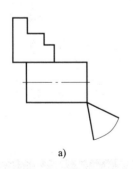
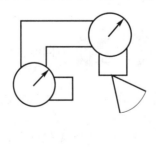
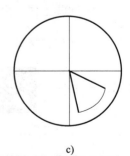

a)   b)   c)

图 2-4　数控车床对刀方法

a) 试切对刀　b) 机械对刀仪对刀　c) 光学对刀仪对刀

（1）刀位点

刀位点是指在编制加工程序过程中用以表示刀具特征的点，也是对刀和加工的基准点。各类车刀的刀位点如图2-5所示。

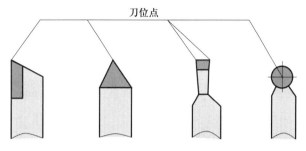

图2-5 各类车刀的刀位点

（2）对刀

在执行加工程序前，调整每把刀的刀位点，使其尽量重合于某一理想基准点，这一过程称为对刀。理想基准点可以设定在刀具上，如基准刀的刀尖上，如图2-6所示。

（3）对刀的基本方法

目前，绝大多数的数控车床采用手动对刀，其基本方法有以下几种：

1）定位对刀法。定位对刀法的实质是按接触式设定基准重合原理进行的一种粗定位对刀方法，其定位基准由预设的对刀基准点来体现。对刀时，只要将各号刀的刀位点调整至与对刀基准点重合即可。该方法简便易行，因而得到较广泛的应用，但对刀精度会受到操作者技术熟练程度的影响，一般情况下其精度都不高，还须在加工或试切中修正。

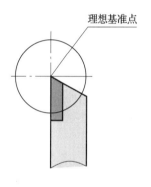

图2-6 基准点

2）光学对刀法。这是一种按非接触式设定基准重合原理进行的对刀方法，其定位基准通常由光学显微镜（或投影放大镜）上的十字基准刻线交点来体现。这种对刀方法比定位对刀法的对刀精度高，并且不会损坏刀尖，是一种推广采用的方法。

3）试切对刀法。在以上各种手动对刀方法中，均有可能受到手动和目测等多种误差的影响，因此对刀精度十分有限，往往需要通过试切对刀，以得到更加准确和可靠的结果。试切对刀是指在数控车床上利用车刀在零件毛坯表面实际加工后，测得工件实际尺寸，然后将数值输入存储器中的方法。这种方法目前应用最广泛。

2. 对刀步骤

以下介绍较为常用的试切法对刀。这种对刀方法是把工件坐标系的建立和刀具补偿值的设置合二为一，在加工程序中不需要进行坐标系的设置和调用，可以在任何安全位置启动加工程序进行自动运行加工。其中，将工件右端面中心点设为工件坐标系原点。具体步骤如下：

（1）按 JOG 键选择手动操作。

（2）在 MDI 状态下选择要进行对刀的刀具（如 1 号外圆车刀）到工作位置。

（3）选择合适的主轴转速，并启动主轴正转。

（4）选择合适的速度移动刀具，试切一小段工件外圆，并沿 Z 轴退刀，如图 2 - 7 所示。

（5）按 停止 键停止主轴，测得试切工件外圆直径为 42.56 mm。

（6）按 OFFSET SETTING 键显示刀具补偿偏置/设置界面，如图 2 - 8 所示。

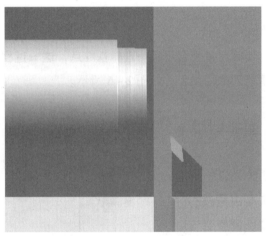

图 2 - 7　试切外圆并退刀　　　　　　　　　图 2 - 8　偏置/设置界面

（7）按［形状］软键显示刀具补正/形状界面（见图 2 - 9），光标移至要设置的刀具号（01）。

（8）输入直径测量值"X42.56"，如图 2 - 10 所示。

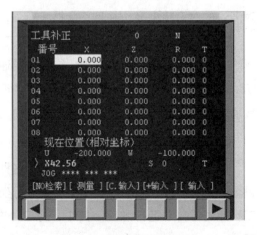

图 2 - 9　刀具补正/形状界面　　　　　　　图 2 - 10　输入直径测量值

（9）按［测量］软键确定输入数据，系统自动计算刀补值，01 号 X 轴刀具补偿值设置完成。如图 2 - 11 所示为 X 轴刀具补偿值显示。

（10）启动主轴，手动试切工件端面并沿 X 轴退刀，如图 2 - 12 所示。

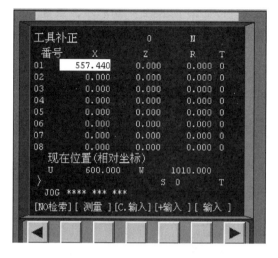

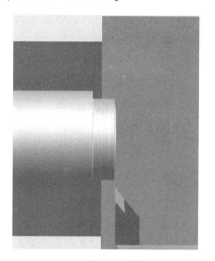

图 2 - 11 01 号 X 轴刀具补偿值显示

图 2 - 12 试切端面

（11）停止主轴，测量试切端面到编程坐标系原点的 Z 轴坐标值。

提示

　　编程坐标系原点常设置于工件右端面，为简化操作，也经常把试切端面作为工件原点所在端面，这样试切端面的 Z 轴坐标为零。若试切端面不在编程坐标系的原点位置，操作者需仔细计算其 Z 轴坐标值。

（12）输入"Z0"，其他同（8）、（9）步操作，系统自动计算后的 Z 轴刀具补偿值显示如图 2 - 13 所示，01 号刀具补偿值设置完成。

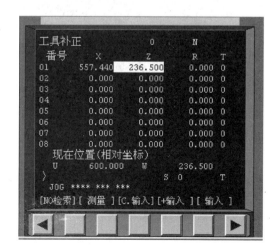

图 2 - 13 01 号 Z 轴刀具补偿值显示

（13）车槽刀对刀方法同上，如图2-14所示。注意：车槽刀对刀时应注意选择刀位点（左侧刀尖还是右侧刀尖）。本实例中使用左侧刀尖对刀。另外，由于工件有端面已经由1号刀做过试切，2号刀的刀尖只要靠紧此端面即可确定轴坐标值。

（14）更换螺纹车刀，试切工件外圆和端面进行对刀，如图2-15所示，重复（3）~（12）的操作，完成螺纹车刀刀具补偿值的设置。

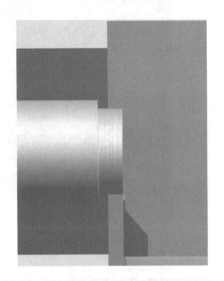 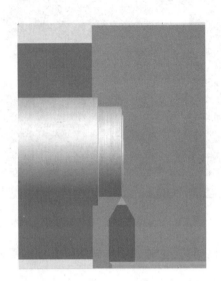

图2-14　车槽刀对刀　　　　　　　　图2-15　螺纹车刀对刀

（15）刀具补偿值全部设置完成的显示如图2-16所示。

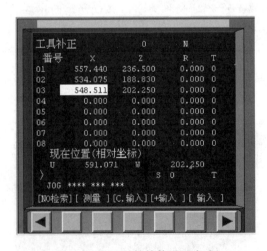

图2-16　刀具补偿值设置完成

3. 刀具补偿值的修改

在车削加工过程中，经常会遇到刀具轻微磨损和对刀误差造成的零件尺寸精度超差的现象。为了保证零件的尺寸精度，需要对刀具补偿值进行修改。在FANUC 0i数控系统中，这种操作通常在磨耗补正方式下进行。下面介绍其操作方法：

例 2 - 1 1 号刀所加工外圆直径为 $40_{-0.027}^{0}$ mm，实际测量尺寸为 $\phi40.01$ mm，要使工件尺寸合格还需补偿 -0.025 mm，具体操作如下：

（1）按 OFFSET SETTING 键显示刀具补正界面（见图 2 - 17），然后按［磨耗］软键显示磨耗界面（见图 2 - 17），光标移至要补偿的 1 号刀 X 处。

（2）输入磨耗补偿值 " -0.025"，如图 2 - 17 所示。

（3）按 INPUT 键或［输入］软键输入数据，输入后的显示如图 2 - 18 所示。

（4）对于 Z 轴和其他刀具的磨耗补偿用同样的操作输入。

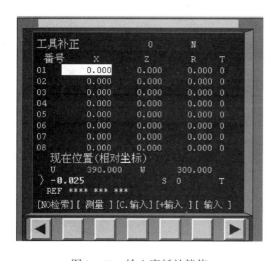
图 2 - 17　输入磨耗补偿值

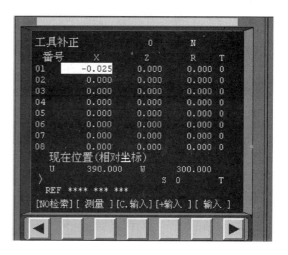
图 2 - 18　输入后的显示

五、程序的输入与编辑

程序编辑的主要操作内容包括一个新程序的录入和程序的检索、修改、删除、插入等编辑方式以及程序的输入、输出（通信方式）等操作。

1. 显示程序存储器的内容

（1）按 编辑 键选择编辑工作方式。

（2）按 PROG 键显示程序（PROGRAM）界面。

（3）按［LIB］软键显示存储器内容，如图 2 - 19 所示。

内存信息显示出：已存储程序数量为 4，程序号为 01、02、03、04；剩余可存储程序数量为 46 个；剩余空间为 4046。

2. 输入新的加工程序

操作步骤如下：

（1）按 编辑 键选择编辑工作方式。

（2）按 PROG 键显示程序（PROGRAM）界面。

（3）在 MDI 操作面板上输入"O0100"，按 INSERT 键确认，建立一个新的程序号，屏幕显示如图 2 – 20 所示，然后即可输入程序的内容。

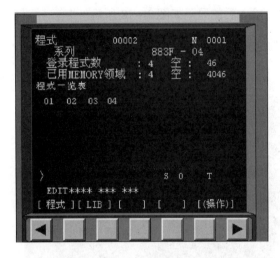

图 2 – 19　显示存储器内容

图 2 – 20　建立新程序号

（4）每输入一个程序段后按 EOB 键表示程序段结束，然后按 INSERT 键将该程序段输入。输入结束，屏幕显示如图 2 – 21 所示。

3. 编辑程序

（1）检索需编辑的程序

1）按 编辑 键选择编辑工作方式。

2）按 PROG 键，CRT 显示屏显示程序界面。

3）输入要检索的程序号（如 O0100），如图 2 – 22 所示。

4）按［O 检索］软键，即可调出所要检索的程序。

（2）检索程序段（语句）

检索程序段需在已检索出程序的情况下进行。

1）按 RESET 键，光标回到程序号所在的位置，如 O0100。

2）输入要检索的程序段号，如 N3。

3）按［检索↓］软键，光标即移至所检索的程序段 N3 所在的位置，如图 2 – 23 所示。

（3）检索程序中的字

1）输入所需检索的字，如 X52. 。

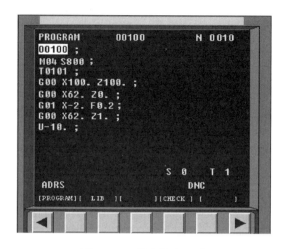

图 2 - 21　程序输入显示

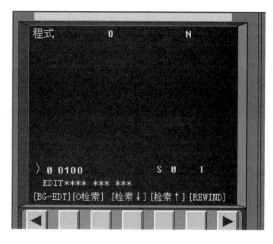

图 2 - 22　检索程序

2）以光标当前的位置为准，向前面的程序检索时，按［检索↑］软键；向后面的程序检索时，按［检索↓］软键。光标移至所检索的字第一次出现的位置。

（4）字的修改

例如，将 X52. 改为 X54. 。

1）将光标移至 X52. 位置（可用检索方法）。

2）输入要改变的字 X54.，如图 2 - 24 所示。

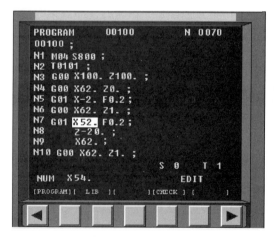

图 2 - 23　检索程序段　　　　　　　　　　图 2 - 24　输入指令字

3）按 **ALTER** 键，X54. 将 X52. 替换，如图 2 - 25 所示。

（5）删除字

例如，在程序段"N4 G00 X62. Z0. ;"中，欲删除其中的 X62.。

1）将光标移至要删除的字 X62. 位置，如图 2 - 26 所示。

2）按 **DELETE** 键，X62. 被删除，光标自动向后移，如图 2 - 27 所示。

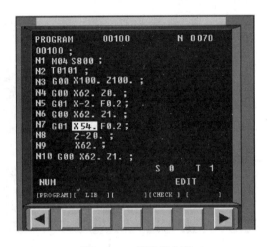

图 2 – 25 替换指令字

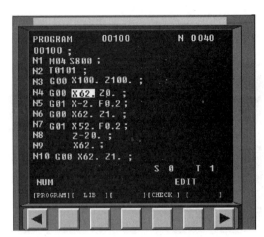

图 2 – 26 要删除的字

（6）删除程序段

例如，欲删除 N2 程序段：

O0100;

N1 M04 S800;

N2 T0101;

…

1）将光标移至要删除的程序段第一个字 N2 处。

2）按 EOB 键。

3）按 DELETE 键，即删除了整个程序段。

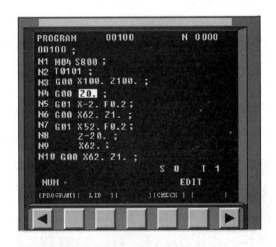

图 2 – 27 将指令字删除

（7）插入字

例如，在程序段"G00 Z1.0;"中插入 X62.0 改为"G00 X62.0 Z1.0;"。

1）将光标移至要插入的字前一个字的位置（Z1.0）处。

2）键入 X62.0。

3）按 INSERT 键，插入完成，程序段变为"G00 X62.0 Z1.0;"。

（8）删除程序

例如，欲删除程序号为 O0100 的程序。

1）模式选择开关定为编辑状态。

2）按 PROG 键显示程序界面。

3）输入要删除的程序号 O0100。

4）按 DELETE 键后程序 O0100 被删除。

六、自动加工

在启动、程序编辑、刀具安装、工件装夹、对刀等一系列操作后，数控车床便可进入自动加工状态，从而完成工件最终的实际切削加工。自动加工前，还可以利用机床的相关功能，对加工程序、数据设置等进行进一步全面的检查和校验，以确保自动加工时零件的加工质量和机床的安全运行。

1. 自动运行的启动

（1）按 自动 键，系统进入自动加工状态。

（2）按 PROG 键，输入要运行的程序号，检索加工程序并按 INSERT 键确认程序。

（3）按 RESET 键，程序复位，光标指向程序的开头，如图 2 - 28 所示为自动加工前的状态。

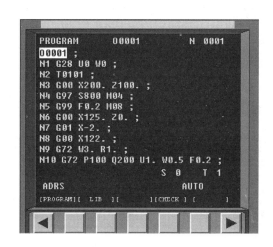

图 2 - 28　自动加工前的状态

（4）按循环启动键启动自动循环运行。

2. 自动加工

在自动运行状态下按 单段 空运行 跳步 中的功能键会进入不同的控制状态。

（1）单程序段运行

在自动加工试切时，出于安全考虑，可选择单段执行加工程序的功能。在自动运行中，将单段运行开关 单段 置于有效，机床在执行完一个程序段后减速停止。每按一次循环启动键，仅执行一个程序段的动作，继续按循环启动键，可使加工程序逐段执行。

（2）空运行

自动加工启动前，在机床上不装工件或刀具，而只进行空运行，以检查程序的正确性。

按下 空运行 按钮使其处于有效状态（指示灯变亮），此时按下循环启动按钮，机床忽略程序指定的进给速度，空运行时的进给速度与程序无关，而是继续执行系统设定的快速运行程序，此操作常与机床锁定功能一起用于程序的校验，不能用于加工零件。

（3）跳步运行

自动加工时，系统可跳过某些指定的程序段，称为跳步执行。在自动运行过程中，将程序跳步按钮 跳步 置于有效，机床将在运行中跳过带有跳步符号"/"的程序段向下执行程序。如在某程序段首加上"/"（如 /N4 G97…），且在编辑面板上按下跳步按钮 跳步 ，则在自动加工时，如图 2 - 29 所示的 N4 和 N5 两段程序被跳过不执行；而当释放此按钮时，"/"不起作用，该段程序被正常执行。

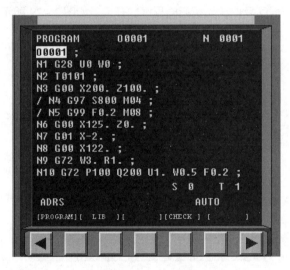

图 2 - 29　跳步状态

（4）图形轨迹显示

对于有图形模拟加工功能的数控车床，在自动加工前，为避免程序错误、刀具碰撞工件或卡盘，可对整个加工过程进行图形模拟加工，以检查刀具轨迹是否正确。在自动运行过程中，按下图形按钮 CUSTOM GRAPH 可以进入程序轨迹图形模拟状态，如图 2 - 30 所示，在 CRT 显示屏上显示程序运行轨迹，以便于对所使用的程序进行检验。

3. 自动运行的停止

在自动运行过程中，除程序指令中的暂停（M00）、程序结束（M02 和 M30）等指令可以使自动运行停止外，操作者还可以使用操作面板上的进给保持按钮 Hold 、急停按钮

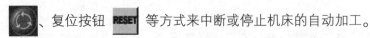、复位按钮 RESET 等方式来中断或停止机床的自动加工。

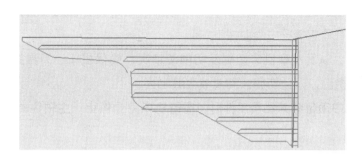

图 2 – 30　程序轨迹图形

第三节　数控车床维护与保养

在实际生产中，数控车床能否达到加工精度高、所加工产品质量稳定、提高生产效率的目标，不仅取决于车床本身的精度和性能，还取决于数控车床是否得到正确的维护和保养。做好数控车床的日常维护和保养工作，可以延长元器件的使用寿命和机械部位的磨损周期，防止意外恶性事故的发生，使数控车床达到良好的技术性能，长时间稳定工作。

一、数控车床安全操作规程

1. 学生必须在教师指导下进行数控机床的操作，严禁多人同时操作。

2. 学生必须在操作步骤完全清楚时进行操作，遇到问题立即向教师咨询。禁止在不知道规程的情况下进行操作，操作中如果机床出现异常，必须立即向教师报告。

3. 手动回零时，应注意使机床各轴位置远离原点（参考点）100 mm 以上。

4. 使用手轮或手动方式移动各轴位置时，一定要看清机床 X、Z 各轴方向的 " + " 号、" – " 号标牌后再移动。移动时应先慢转手轮，观察机床移动方向无误后方可快速移动。

5. 编完程序后，将程序输入机床。必须在机床锁定和试运行的状态下进行图形模拟，仔细检查刀具走刀路线是否正确，如果有问题应重新调试程序，直到正确为止。

6. 程序运行注意事项

（1）对刀应准确无误，刀具补偿号应与程序调用号对应。

（2）检查机床各功能按键的位置是否正确。

（3）将光标放在主程序头，进入监测界面，在刀具移动过程中随时注意显示剩余移动量的数值与实际剩余移动量的数值是否相符，如不相符，立即按下保持键。

（4）打开单段运行功能，检查执行完毕的程序段坐标是否正确，如果与实际不相符，则说明对刀错误，应重新对刀。如果该点正确，则关闭单段运行，顺序执行程序。

（5）加注适量切削液。

（6）站立位置应合适，启动程序时，右手做好按进给保持键的准备，程序在运行中不能离开此按键，如有紧急情况应立即按下。

7. 加工过程中，认真观察机床切削及切削液情况，确保机床、刀具的正常运行及工件的质量，并关闭防护门，以免切屑、润滑液飞溅出去。

8. 在程序运行中须暂停并测量工件时，需待机床完全停止，主轴停转后方可进行测量，以免发生人身事故。

9. 开机顺序

（1）接通电源开关。

（2）接通系统启动开关。

（3）抬起紧急停止按钮（如果事先已经按下）。

10. 关机顺序

（1）按下紧急停止按钮。

（2）关闭系统启动开关。

（3）关闭电源开关。

11. 每班操作结束后必须清扫机床。

二、数控车床操作注意事项

要使数控车床能充分发挥其作用，使用时必须严格按照数控车床的操作规程去做。

1. 加工前的检查及准备工作

（1）在手动方式下启动主轴，观察主轴运转情况是否正常。对于手动变速车床，变速时应振动卡盘，确保主轴箱内变速齿轮正确啮合。

（2）检查切削液、液压油、润滑油的油量是否充足；自动润滑装置、液压泵、冷却泵是否正常工作；液压系统的压力表是否指示在所要求的范围内；各控制箱的冷却风扇是否正常运转，空气滤清器是否有堵塞现象。

（3）机床导轨面是否清洁，切屑槽内的切屑是否已清理干净。

（4）在控制系统启动过程中，操作面板上的各指示灯是否正常；各按钮、开关是否处于正确位置。CRT 显示屏上是否有报警信息显示，若有问题应及时予以处理。

2. 加工程序的校验与修改

（1）程序输入后，应认真核对代码、指令、地址、数值、正负号、小数点及语法，确保无误。有图形模拟功能的，应在锁住机床的状态下进行图形模拟，以检查加工轨迹的正确性。

（2）在程序运行中，要观察显示屏上的坐标显示，了解目前刀具运动点在机床坐标系及工件坐标系中的位置。

（3）修改程序时，对修改部分一定要仔细计算和认真核对。

3. 刀具的安装

（1）检查各刀具的安装顺序是否合理，刀尖是否对中，伸出长度是否合适，刀具是否夹紧。

（2）采用手动方式换刀，以检查换刀动作是否准确，注意刀具与工件、尾座是否有干涉现象。

（3）每把刀在首次使用时，必须先验证它的实际长度与所给刀补值是否相符。

（4）刃磨或更换刀具后一定要重新测量刀长并修改好刀补值和刀补号。

4. 装夹工件、对刀以及工件坐标系的设定与检查

（1）按工艺规程找正、装夹工件。

（2）正确测量和计算工件坐标系，并对所得结果进行验证和验算。

（3）尽管不同的数控系统设定工件坐标系的指令各不相同，但基本原理是一致的。其实质是通过对刀及设定工件坐标系将工件的位置反馈给数控系统。

（4）将工件坐标系输入偏置界面，并对坐标、坐标值、正负号、小数点进行认真核对。

5. 首件试切

（1）无论是首次加工的零件，还是周期性重复加工的零件，首件都必须对照图样、工艺、程序和刀具调整卡进行单程序段加工。

（2）进行单段试切时，快速倍率开关必须调到较低挡位，在无异常情况后再适当提高挡位。

（3）刀具偏置及补偿量可由小到大，边试边修改，直至达到加工精度要求为止。

（4）进行手摇进给或手动连续进给操作时，必须检查各种开关所选择的位置是否正确，确认手动快速进给按键的开关状态，弄清正、负方向，认准按键，然后进行操作。

6. 零件的加工

（1）在自动加工过程中不允许打开机床防护门。

（2）加工过程中禁止用手接触刀尖和切屑，切屑应用毛刷和钩子清理。

（3）加工镁合金工件时应戴防护面罩，注意及时清理加工中产生的切屑。

（4）禁止用手或其他任何方式接触正在旋转的主轴、工件或其他运动部位；严禁在主轴旋转时进行刀具或工件的装夹、拆卸，如图 2 - 31a 所示。

（5）严禁盲目操作或误操作。工作时穿好工作服、安全鞋，戴好工作帽、防护镜，不准戴手套、领带操纵机床，如图 2 - 31b 所示。

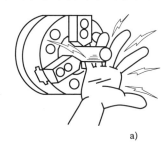
a)

b)

图 2 - 31 不正确的操作方式

7. 加工完成后

（1）一批零件加工完成后，应核对刀具号、刀补值以及加工程序、偏置值、刀具调整卡及工艺中的刀具号和刀补值，并做必要的整理和记录。

（2）做好机床清扫工作，擦净导轨面上的切削液，并涂防锈油，以防止导轨生锈。

（3）检查润滑油、切削液情况，及时添加或更换。

（4）依次关闭机床操作面板上的电源开关和总电源开关。

三、数控车床的保养与维护

1. 数控系统的保养与维护

对于不同数控车床数控系统的使用与维护，在随机所带的说明书中一般都有明确的规定。总的来说应注意以下几点：

（1）制定严格的设备管理制度，定岗、定人、定机，严禁无证人员随便开机。

（2）制定数控系统日常维护的规章制度。根据各种部件的特点，确定各自的保养条例。

（3）严格执行机床说明书中的通电、断电顺序。一般来说，通电时先强电后弱电；先外围设备（如通信 PC 机等）后数控系统。断电顺序与通电顺序相反。

（4）应尽量少开数控柜和强电柜的门。因为机加车间的空气中一般都含有油雾、飘浮的灰尘甚至金属粉末。一旦它们落在数控装置内的印制电路板或电子器件上，容易导致元器件间绝缘电阻下降，并导致元器件及印制电路板的损坏。为了使数控系统能超负荷长期工作，采取打开数控装置柜门散热的降温方法更不可取，其最终结果是导致数控系统加速损坏。因此，除进行必要的调整和维修外，不允许随便开启柜门，更不允许敞开柜门进行加工。

（5）定时清理数控装置的散热通风系统。应每天检查数控装置上各个冷却风扇工作是否正常。视工作环境的状况，每半年或每季度检查一次风道过滤网是否有堵塞现象。如过滤网上灰尘积聚过多，需及时清理；否则将会引起数控装置内部温度过高（一般不允许超过 55 ℃），致使数控系统不能可靠地工作，甚至发生过热报警现象。

（6）定期维护数控系统的输入、输出装置。通信接口是数控装置与外部进行信息交换的一个重要途径，如有损坏，将导致读入信息出错或无法使用。为此，通信接口应有防护盖，以防止灰尘、切屑落入。

（7）经常监视数控装置用的电网电压。数控装置通常允许电网电压在额定值的 ±（10 ~ 15）% 范围内，频率在 ±2 Hz 内波动。如果超出此范围就会造成系统不能正常工作，甚至会引起数控系统内的电子部件损坏，必要时可增加交流稳压器。

（8）定期更换存储器电池。存储器一般采用 CMOS RAM 器件，设有可充电电池维持电路，以防止断电期间数控系统丢失存储的信息。在正常电路供电时，由 +5 V 电源经一个二极管向 CMOS RAM 供电，同时对可充电电池进行充电。当电源停电时，则改由电池供电，以保持 CMOS RAM 的信息。在一般情况下，即使电池尚未失效，也应每年更换一次，以便确保系统能正常地工作。注意：更换电池时应在 CNC 装置通电状态下进行，以避免系统数据丢失。

（9）数控系统长期不用时的维护。若数控系统处于长期闲置的情况下，要经常给系统通电，特别是在环境湿度较大的梅雨季节更是如此。在机床锁住不动的情况下，让系统空运行，一般每月通电 2~3 次，通电运行时间不少于 1 h。利用电气元件本身的发热来驱散数控装置内的潮气，以保证电气元部件性能的稳定、可靠及充电电池的电量。实践表明，在空气湿度较大的地区，经常通电是降低故障率的一个有效措施。

（10）备用印制电路板的维护。印制电路板长期不用很容易出故障。因此，对已购置的备用印制电路板应定期装到数控装置上通电运行一段时间，以防止损坏。

2. 数控车床的维护

数控车床工作效率的高低、各附件的故障率、使用寿命的长短等，很大程度上取决于用户的正确使用与维护。良好的工作环境、技术水平高的操作者和维护者，将大大延长数控车床的无故障工作时间，提高生产效率，同时可减少机械部件的磨损，避免不必要的失误。

为了使数控车床保持良好的状态，除了发生事故应及时修理外，坚持经常的维护与保养是十分重要的。坚持定期保养，经常维护，可以把许多故障隐患消灭在发生之前，防止或减少事故的发生。对不同型号的数控车床要求不完全一样，各种机床的具体维护要求在其说明书中都有明确的规定。通用数控车床的维护要求见表 2 - 3。某数控车床的保养与维护要求见表 2 - 4。

表 2 - 3　　　　　　　　　　　　通用数控车床的维护要求

维护类型		具体要求
日常维护		1. 擦拭机床丝杠和导轨的外露部分，用轻质油洗去污物和切屑
		2. 擦拭全部外露限位开关的周围区域，仔细擦拭各传感器的齿轮、齿条、连杆和检测头
		3. 检查润滑油箱和液压油箱以及油压、油温、油路的油量
		4. 使电气系统和液压系统至少升温 30 min，检查各参数是否正常，气压是否正常，有无泄漏
		5. 数控车床空运行，使各运动部件得到充分润滑，防止卡死
		6. 检查刀架转位、定位情况
定期维护	每月维护	1. 清理控制柜内部
		2. 检查、清洗或更换通风系统的空气滤清器
		3. 检查按钮及指示灯是否正常
		4. 检查全部电磁铁和限位开关是否正常

维护类型		具体要求
定期维护	每月维护	5. 检查并紧固全部电线接头，检查各接头有无腐蚀、破损现象 6. 全面检查安全防护设施是否完整、牢固
	每两个月维护	1. 检查并紧固液压管路接头 2. 查看电源电压是否正常以及有无缺相和接地不良现象 3. 检查所有电动机，并按要求更换电刷 4. 检查液压马达是否有渗漏现象，并按要求更换油封 5. 开动液压系统，打开放气阀，排出液压缸和管路中的空气 6. 检查联轴器、带轮和带是否松动、磨损 7. 清洗或更换滑块和导轨的防护毡垫
	每季维护	1. 清洗切削液箱，更换切削液 2. 清洗或更换液压系统的滤油器及伺服控制系统的滤油器 3. 清洗主轴箱，重新注入新的润滑油 4. 检查联锁装置，查看定时器和开关是否正常工作 5. 检查继电器接触压力是否合适，并根据需要清洗和调整各触点 6. 检查齿轮箱和传动部件的工作间隙是否合适
	每半年维护	1. 对液压油进行化验，并根据化验结果对液压油箱进行清洗和换油；疏通油路，清洗或更换滤油器 2. 检查机床工作台是否水平，检查锁紧螺钉及调整垫铁是否锁紧，并按要求调整水平 3. 检查镶条、滑块的调整机构，调整间隙 4. 检查并调整全部传动丝杠的负荷，清洗滚珠丝杠并涂新油 5. 拆卸、清扫电动机，加注润滑油（脂），检查电动机轴承，并予以更换 6. 检查、清洗并重新装好机械式联轴器 7. 检查、清洗和调整平衡系统，并更换钢缆或钢丝绳 8. 清扫电气柜、数控柜及印制电路板，更换维持 RAM 内容的失效电池

表 2 - 4　　　　　　　　　　　　某数控车床的保养与维护要求

序号	周期	保养与维护部位	保养、维护项目及方法
1	每日	机床外表	清理切屑和油污
2		主轴头	清理主轴头、锥孔及卡盘夹紧装置
3		X 轴、Z 轴导轨面	清除切屑及污物，检查润滑油是否充足，导轨面有无划伤、损坏
4		滚珠丝杠	清理导轨和滚珠丝杠，滑板移动时应无异常噪声

续表

序号	周期	保养与维护部位	保养、维护项目及方法
5	每日	操作面板	面板清洁，指示灯指示正常，各按键、按钮、转动开关灵敏、可靠
6		CRT 显示屏	检查是否有报警提示，若有应及时处理
7		液压系统	油压表指示压力正常，油泵运转声音正常。油管、管接头无泄漏。无异常噪声，工作油面高度正常
8		液压平衡系统	平衡压力指示正常，快速移动时平衡阀工作正常
9		电气控制柜	柜门关好，电气柜冷却风扇工作正常，风道过滤网无堵塞现象
10		刀架	刀具无损伤，正确夹紧在刀架上。刀架选刀及转位正确、可靠，落刀压实
11		数控柜	检查数控柜上各排风扇工作是否正常，风道过滤器是否被灰尘堵塞
12		导轨润滑油箱	检查油标、油量，及时添加润滑油，润滑泵能正常工作
13		压缩空气气源压力	气动控制系统压力应在正常范围内
14		自动空气干燥器、气源自动分水滤气器	及时清理分水滤气器中滤出的水分，保证自动空气干燥器正常工作
15		气液转换器和增压器油面	如油面高度不够，应及时补充油液
16		主轴润滑恒温油箱	工作正常，油量充足
	每周	各种防护装置	各种防护装置应无松动，不漏液
1	每月	主轴机构	主轴径向、轴向间隙适当，若松动，应拆开主轴箱加以调整。各挡变速应平稳、可靠，如不正常，应检查油压指示表或箱体拨叉、齿轮状况
2		X 轴、Z 轴导轨及滚珠丝杠	清理切屑和油污，检查滑道有无磨损，疏通润滑油路，清洗防尘油毡
3		电气开关	清理脚踏开关，X 轴、Z 轴行程开关及刀库定位开关。检查、调节行程撞块的位置
4		冷却系统	疏通冷却管路，清洗切削液箱
1	每半年	主轴系统	检查锥孔跳动情况；检查、调整主轴传动用 V 带、编码器用同步传动带的张力
2		润滑油位指示开关	检查润滑装置的浮子开关动作情况，浮子落在下限位时，操作面板上应有报警显示

续表

序号	周期	保养与维护部位	保养、维护项目及方法
3	每半年	X 轴、Z 轴直流伺服电动机	检查换向器表面，吹掉粉尘，去除毛刺，更换磨损后过短的电刷，磨合后使用，清洗编码器及 X 轴夹紧装置
4		电气控制柜	检查各插头、插座、电缆、继电器触点接触状况，检查及清理印制电路板、电源电压器、伺服变压器
5		液压系统	检查及清理过滤器、油泵、溢流阀、电磁换向阀。检查油质，清理油箱，更换新油
6		主轴润滑恒温油箱	清洗过滤器，更换润滑油
7		滚珠丝杠	清洗滚珠丝杠上的旧润滑脂，换新润滑脂
8		液压油路	清洗液压阀、过滤器、油箱等，更换或过滤液压油
9		机床精度	按机床说明书的要求调整机床的几何精度
1	每年	直流伺服电动机电刷	检查换向器表面，吹净粉末，去除毛刺，更换磨损的电刷，磨合后使用
2		润滑油泵、滤油器	清理润滑油箱，清洗油泵，更换润滑油
1	不定期	各轴导轨上镶条、压紧滚轮松紧状态	按机床说明书调整
2		切削液箱	检查液面高度，切削液过脏时应清洗储液箱底部，清洗过滤器
3		排屑器	清理切屑，检查有无卡住情况
4		废油池	清理废油池中的废油，以防止外溢
5		主轴驱动带松紧状态	按机床说明书调整

　　表 2-4 中只列出了数控车床常规检查内容，不同的数控车床应按机床说明书中规定的内容进行保养与维护。总之，只有做好日常保养与维护工作后，才能使数控车床的故障率大幅度减低，提高其利用率，充分发挥机床的性能。

思考与练习

　　1. 如何进行机床的开、关机操作？

　　2. MDI 面板上的 INSERT 与 INPUT 键有什么区别？各使用在什么场合？

　　3. MDI 面板上的 DELETE 与 CAN 键有什么区别？各使用在什么场合？

　　4. 如何进行机床的手动回参考点操作？

5. 试述刀具偏置值设定的操作过程。

6. 如何进行机床空运行操作？如何进行机床锁住试运行操作？两种试运行操作有什么不同？

7. 操纵数控车床应注意哪些事项？

8. 对数控车床的基本保养与维护要求有哪些？

第三章　数控车仿真加工

目前，随着计算机技术的发展，尤其是虚拟技术的发展，产生了可以模拟实际设备加工环境及工作状态的计算机仿真加工系统。用计算机仿真加工系统进行培训，不仅可以迅速提高操作者的素质，而且安全、可靠，费用低；同时，也比较适合企业对新产品的开发和试制工作，减少大量前期准备工作，提高数控机床的利用率，缩短新产品的开发、试制和生产周期。

第一节　数控车仿真界面介绍

目前，国内数控仿真系统软件较多，例如，由上海宇龙软件公司研制开发的数控仿真系统软件，以及北京市斐克科技有限责任公司研制开发的 VNUC 数控仿真系统软件，均含有多种数控系统的数控车、数控铣和加工中心仿真程序，可以实现对零件车削加工和铣削加工全过程仿真。本节以 FANUC 0i 数控车床系统为例，分别介绍上述两种数控仿真系统软件的功能和应用。

一、宇龙数控车床仿真系统软件简介

宇龙数控车床仿真系统软件操作界面如图 3 − 1 所示。

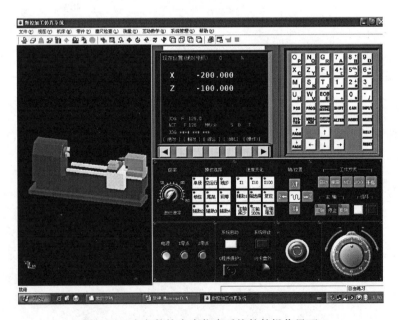

图 3 − 1　宇龙数控车床仿真系统软件操作界面

1. 主菜单

主菜单如图 3 - 2 所示，可以根据需要选择下拉式主菜单中的某一个菜单条。下拉式主菜单功能说明见表 3 - 1。

文件(F)	视图(V)	机床(M)	零件(P)	塞尺检查(L)	测量(T)	互动教学(R)	系统管理(S)	帮助(H)

图 3 - 2　主菜单

表 3 - 1　　　　　　　　　　　　下拉式主菜单功能说明

菜单项	名称	功能说明
文件	新建项目	新建的项目会将这次操作所选用的毛坯、刀具、数控程序等记载下来，以后加工同样的零件时，只要打开这个项目文件即可加工，而不必重新进行设置
	打开项目	如果打开的是一个已经完成加工工序的项目，在主窗口中毛坯已经装夹完毕，工件坐标原点已设好，数控程序已被导入。这时只需打开机床控制面板，按下循环启动键即可进行加工。如果打开的是一个未完的项目，则这时的主窗口内将显示上一次保存项目时的状态
	保存项目	将当前工作状态保存为一个文件，供以后继续使用
	另存项目	将当前工作状态另存到一个文件，供以后继续使用
	导入零件模型	到存放零件模型的文件夹中寻找文件（即用户存放的文件，此代码文件路径是个人规定的）。文件的后缀名为"prt"，切勿更改后缀名
	导出零件模型	将当前工作状态下的加工零件保存到一个指定的文件内。文件的后缀名为"prt"，切勿更改后缀名
	开始记录	可以进行即时操作录像，以便用于实际教学演示
	演示	将录制好的操作过程进行回放
	退出	结束数控加工仿真系统程序
视图	复位	显示复位就是将机床图像设成初始大小和位置。无论当前机床图像放大或缩小了多少，方向和位置如何调整，只要使用"复位"选项，都可使机床的大小、方向恢复到初始大小，也就是刚进入系统时的状态
	动态平移	将机床图像进行任意位置的水平移动
	动态旋转	将机床图像进行空间任意方位的旋转
	动态放缩	将机床图像进行任意大小的缩放
	局部放大	将机床图像上任意部位放大，以便于清晰显示该形状
	绕 X 轴、Y 轴、Z 轴旋转	将机床图像分别围绕 X 轴、Y 轴、Z 轴进行任意旋转
	前视图	可快速地使机床的正面正对主窗口

续表

菜单项	名称	功能说明
视图	俯视图	可快速地使机床的上面正对主窗口（仿真加工时应用最多）
	左侧视图	可快速地使机床的左侧面正对主窗口
	右侧视图	可快速地使机床的右侧面正对主窗口
	控制面板切换	将显示屏上机床的控制面板进行功能转换
	触摸屏工具	将显示屏上机床控制面板的操作转换成触摸式
	选项	包括加工声音的开关、机床和零件显示的方式、仿真加工倍率、显示报警信息等
机床	选择机床	根据不同要求和实际机床的系统、型号选择合适的仿真机床的机型、系统及操作面板
	选择刀具	根据需要选择正确的刀具以满足加工的需要
	拆除工具	拆除辅助工具
	DNC 传输	实现在线传输功能，将已经编好的程序传输到数控装置中
	检查 NC 程序	进行 NC 程序的检查
	移动尾座	通过该功能实现尾座的伸缩和移动
零件	定义毛坯	根据零件图样的要求设定零件毛坯的外形
	放置零件	安装、放置已经设定好的零件毛坯
	移动零件	根据需要移动零件以满足加工的需要
	拆除零件	拆除机床上已安装的零件
测量	剖面图测量	对已加工的零件进行尺寸测量
	工艺参数	显示当前状态下机床、刀具、切削用量选择的内容
互动教学	自由练习	教师机专用
	结束自由练习	
	观察学生当前操作	
	结束观察当前操作	
	打开对话窗口	
	读取操作记录	可以将前边录制好的操作过程读取出来或者是将某一位学生的操作过程调出来进行回放，以便于对学生进行即时检测
	评分标准	教师机专用
	交卷	考试时使用

续表

菜单项	名称	功能说明
互动教学	查询	对仿真操作成绩的查询（仅限于教师使用）
	鼠标同步	将学生机与教师机的鼠标同步，使教师机的操作过程同步显示到每台学生机上，以便于教学演示
系统管理	机床管理	教师机专用
	用户管理	
	批量用户管理	
	刀库管理	
	系统设置	各种系统的设定及功能的选择等

2. 工具条

机床显示工具条位于菜单栏的下方，主要用于调整数控机床的显示方式等，如图 3 - 3 所示。

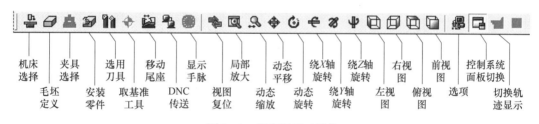

图 3 - 3　机床显示工具条

3. 报警信息栏

报警信息栏用于显示在操作过程中的警告、通知信息等，如图 3 - 4 所示。

图 3 - 4　报警信息栏

4. 数控机床显示区

如图 3 - 5 所示，数控机床显示区是一台模拟的机床，它可以显示操作者在装夹工件、刀具选择、对刀过程、零件加工等方面的操作。

5. 仿真操作面板

FANUC 0i 仿真操作面板如图 3 - 5 所示，它主要由数控系统操作面板和机床操作面板两部分组成，各部分的名称和功能在第二章中已详细说明。

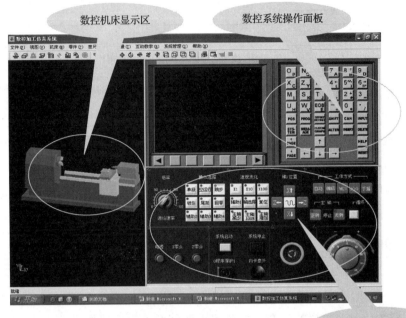

图 3 – 5　FANUC 0i 仿真操作面板

二、VNUC 数控仿真系统软件简介

VNUC 数控车床仿真系统软件操作界面如图 3 – 6 所示。

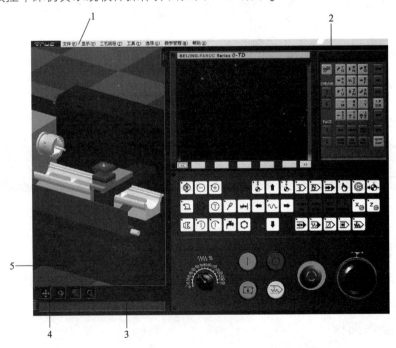

图 3 – 6　VNUC 数控车床仿真系统软件操作界面

1—主菜单　2—数控操作面板　3—报警信息栏　4—机床显示工具条　5—数控机床显示区

1. 主菜单

主菜单如图 3 - 7 所示，可以根据需要选择下拉式菜单中的某一个菜单条。下拉式主菜单功能说明见表 3 - 2。

VNUC™ 文件(F) **显示(V)** 工艺流程(T) 工具(T) 选项(O) 教学管理(M) 帮助(H)

图 3 - 7 主菜单

表 3 - 2 下拉式主菜单功能说明

菜单项	名称	功能说明
文件	新建项目	新建的项目会将这次操作所选用的毛坯、刀具、数控程序等记载下来，以后加工同样的零件时，只要打开这个项目文件即可进行加工，而不必重新进行设置
	打开项目	如果打开的是一个已经完成加工工序的项目，在主窗口中毛坯已经装夹完毕，工件坐标原点已设好，数控程序已被导入，这时只需打开机床控制面板，按下循环启动键即可进行加工。如果打开的是一个未完的项目，则这时的主窗口内将显示上一次保存项目时的状态
	保存项目	将当前工作状态保存为一个文件，供以后继续使用
	项目信息	
	加载 NC 代码文件	到存放代码文件的文件夹中寻找代码文件（即用户编写的程序，此代码文件路径是个人规定的）
	保存 NC 代码文件	将当前工作状态下的加工程序保存为一个文件
	加载/保存零件数据	用于使用和保存加工后的零件
	退出	结束数控加工仿真系统程序
显示	显示复位	显示复位就是将机床图像设成初始大小和位置。无论当前机床图像放大或缩小了多少，方向和位置如何调整，只要使用"显示复位"选项，都可使机床的大小、方向恢复到初始大小，也就是刚进入系统时的状态
	右视图	使用"右视图"选项，可快速地使机床的右侧面正对主窗口
	左视图	左视图是铣床和加工中心特有的一种视图方式。使用"左视图"选项，可快速地使机床的左侧面正对主窗口
	正视图	使用"正视图"选项，可快速地使机床的正面正对主窗口
	零件显示	使用"零件显示"选项，可使主窗口中看不到机床，从而突出显示零件
	透明显示	使用"透明显示"选项，可使机床变为透明，从而突出显示零件

续表

菜单项	名称	功能说明
显示	隐藏/显示数控系统	其作用是不显示或者显示主界面右侧的数控系统面板。VNUC 系统主界面的默认设置是左侧为机床加工显示区，右侧为数控系统面板，使用"隐藏/显示数控系统"后，隐藏数控系统面板可以更清楚地观看加工过程
	显示/隐藏手轮	其作用是打开或关闭手轮。在默认状态下，手轮是不显示的，需要使用手轮时，可使用该命令使手轮出现在机床显示区右下方。不用时，再按一下该命令项即可关闭手轮
工艺流程	加工中心刀库	此位置在不同仿真系统中显示相应的刀具库，主要完成建立和安装新刀具、修改刀具、保存刀具等工作
	基准工具	弹出基准工具对话框
	拆除工具	将刀具或基准工具拆下
	毛坯	打开零件毛坯库
	移动毛坯	调整毛坯的位置
	拆除毛坯	从机床上拆除毛坯
	安装、拆卸、移动压板	可以实现安装、拆卸、移动压板的操作
工具	辅助视图	铣床和加工中心有"辅助视图"功能。在对刀时，为了看清毛坯与基准的接触情况，可以使用该功能
	测量视图	在车床加工操作中，采用试切法对刀时，可使用"测量视图"选项来测量毛坯的直径
选项	选择机床和系统	在该窗口中进行机床和系统的选择
	参数设置	用户可以在这里设置程序运行倍率，打开或关闭加工声音
教学管理	教学管理	主要用于远程教育的控制

2. 工具条

机床显示工具条主要用于调整数控机床的显示方式，如图 3 - 8 所示。

（1）移动机床

按下鼠标左键，按住并向目标方向拖动鼠标，机床会随鼠标移动，至满意位置时松开鼠标。

（2）旋转机床

将光标移到机床上任意处，按下鼠标左键，按住并向目标方向拖动鼠标，当机床旋转至满意位置时松开鼠标。

（3）局部扩大

将光标移到机床上需要放大的部位，按下鼠标左键并拖动鼠标，随着鼠标的拖动，该部

图 3 - 8　机床显示工具条

位周围出现一个方框。鼠标拖动得越远，方框越大，将被放大的区域也就越大。

（4）扩大和缩小机床

按下鼠标左键向下或向上放大、缩小机床，至满意大小时松开鼠标。

3. 报警信息栏

报警信息栏用于显示在操作过程中的警告、通知信息等，如图3-9所示。

X轴移动超程，请复位。

图3-9　报警信息栏

4. 数控机床显示区

如图3-10所示，数控机床显示区是一台模拟的机床，它可以显示操作者在装夹工件、刀具选择、对刀过程、零件加工等方面的操作。

5. 数控操作面板

数控操作面板主要由数控系统操作面板和机床操作面板两部分组成，如图3-10所示。

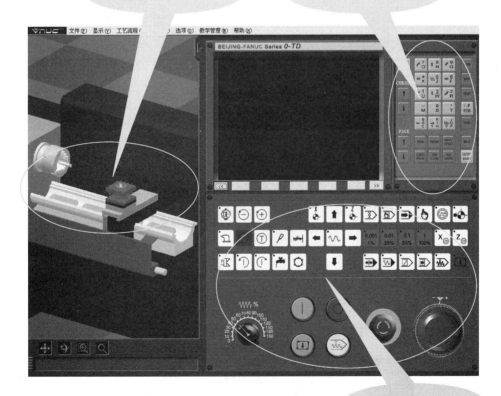

图3-10　数控操作面板

第二节　数控车仿真操作加工实例

一、宇龙仿真操作加工实例

如图 3 – 11 所示为零件图，毛坯为 ϕ50 mm × 97 mm 的棒料，材料为 45 钢。采用上海宇龙数控仿真软件进行仿真加工。如图 3 – 12 所示为零件仿真实物图。

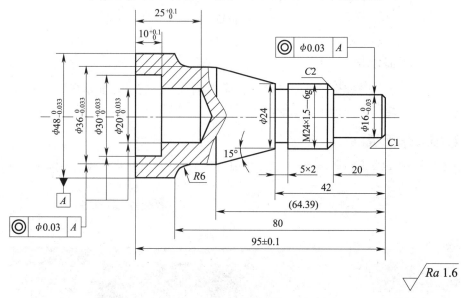

图 3 – 11　零件图

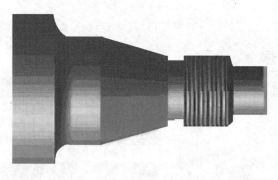

图 3 – 12　零件仿真实物图

1. 启动数控加工仿真系统

双击桌面图标 进入数控加工仿真系统，或用鼠标左键单击 "开始" 菜单，在 "程序" 目录中弹出 "数控加工仿真系统" 的子目录，在接着弹出的下级子目录中单击 "加密锁管理程序"，如图 3 – 13 所示。

图 3 – 13 启动数控加工仿真系统加密锁管理程序

启动加密锁程序后,屏幕右下方的工具栏中出现图标 ☎,表示加密锁管理程序启动成功。此时重复上面的步骤,在最后弹出的目录中单击"数控加工仿真系统",系统弹出"用户登录"界面,如图 3 – 14 所示。单击"快速登录"按钮,或输入用户名和密码后再单击"登录"按钮,进入数控仿真系统。

图 3 – 14 数控加工仿真系统用户登录界面

2. 选择机床和数控系统

如图 3 – 15a 所示,打开菜单"机床"→"选择机床...",在"选择机床"对话框中选择控制系统类型（FANUC）和相应的机床类型（车床），此时界面如图3－15b所示。单击"确定"按钮，进入仿真加工界面，如图3－16所示。

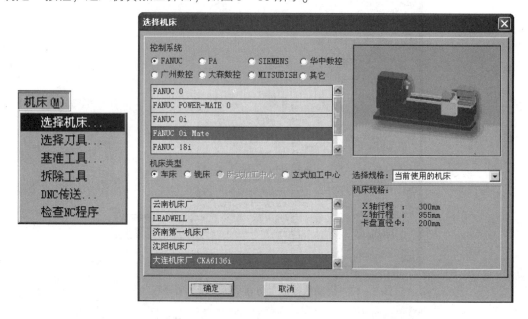

a)   b)

图3－15 "选择机床"对话框

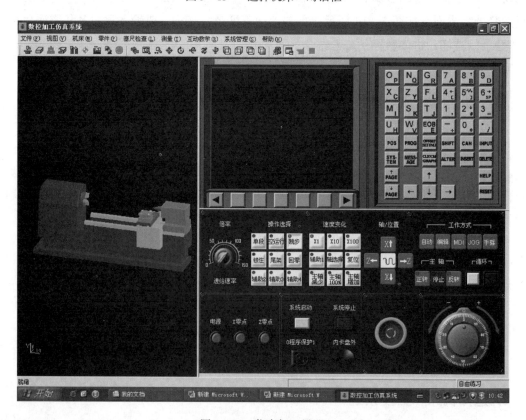

图3－16 仿真加工界面

3. 仿真加工系统基本操作

（1）启动机床

1）单击机床操作面板（见图3－17）上的控制系统开关按钮 ，使电源灯

变亮。

2）检查急停按钮是否松开至 状态，若未松开，单击急停按钮 将其松开，如图3－17所示。

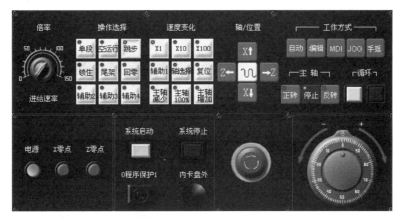

图3－17　机床操作面板

（2）机床回零

1）在工作方式处单击按钮 JOG 进入手动方式，再单击 回零 按钮，其指示灯变亮，进入回零状态。

2）单击按钮 X↓，此时X轴将回零，X轴到达零点后相应操作面板上的指示灯

 变亮，同时CRT显示屏上的X坐标变为"600.000"。

3）再单击按钮 →Z，可以将Z轴回零，Z轴到达零点后相应操作面板上的指示灯

 变亮（见图3－18），此时CRT显示屏上的回零坐标如图3－19所示。

（3）装夹工件

1）定义毛坯。在主菜单栏中选择"零件"，单击下拉子菜单"定义毛坯"，如图3－20a所示，或单击工具条上的图标 ，在弹出的子菜单"定义毛坯"对话框（见图3－20b）中，可根据需要更改零件的尺寸和材料，选择完毕单击"确定"按钮。

图 3 - 18　回零指示灯

图 3 - 19　回零坐标

a)

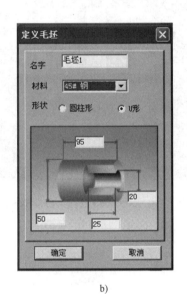

b)

图 3 - 20　"定义毛坯"对话框

2）选择毛坯。在主菜单栏中选择"零件"，单击下拉子菜单"放置零件"，或单击工具条上的图标 ，在弹出的子菜单"选择零件"对话框（见图 3 - 21）中，选择名称为"毛坯 1"的零件，选择完毕单击"安装零件"按钮。界面的仿真机床会显示出安装的零件，同时弹出"控制零件安装及移动操作"对话框，如图 3 - 22 所示。通过该操作框可对已安装的零件进行伸缩调整，从而达到加工的需要，调整结束后单击"退出"按钮关闭该面板，此时零件安装结束。

3）零件显示模式

①当零件有内部结构时，为了能更好地观察和加工，可通过更改零件显示模式来表达清楚零件的内部结构。单击工具条上的图标 进入"视图选项"对话框（见图 3 - 23），或是在当前状态下单击鼠标右键显示出如图 3 - 24 所示的快捷菜单，单击最下端"选项"功能进入"视图选项"对话框。

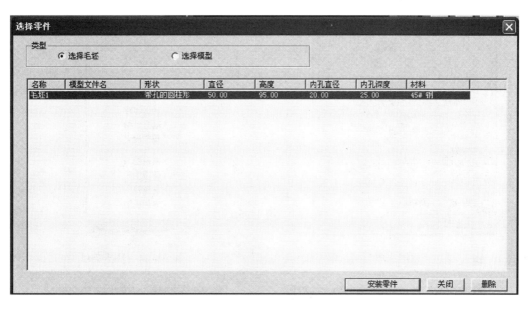

图 3 – 21　"选择零件"对话框

图 3 – 22　"控制零件安装及移动操作"对话框

　②在"视图选项"对话框中，根据要显示的部位进行相应的调整。在如图 3 – 25 所示的"零件显示"选项中，单击"零件显示方式"下的"剖面（车床）"，再单击"半剖（下）"，然后单击"确定"按钮即可。此时，主显示界面上的零件显示为半剖模式，如图 3 – 26 所示。

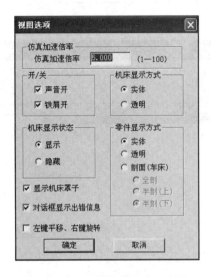

图 3 – 23　"视图选项"对话框

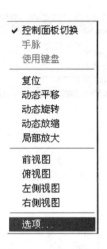

图 3 – 24　快捷菜单

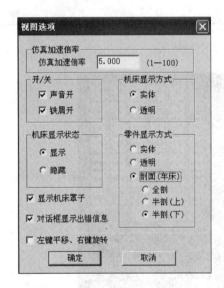

图 3 – 25　"零件显示"选项

图 3 – 26　零件半剖显示模式

（4）安装刀具

在主菜单栏中选择"机床"，在下拉子菜单中单击"选择刀具"（见图 3 – 27），弹出"刀具选择"对话框，如图 3 – 28 所示；或单击工具条中的图标 ，弹出"刀具选择"对话框。

1）安装 T01 号外圆车刀

①在"选择刀位"处单击 1 号刀位。

②根据零件加工工艺要求，在"选择刀片"处选择刀尖角为 35°的刀片，下部对话框中同时显示刀片的具体参数，选择序号为　图 3 – 27　刀具选择菜单

"1"的刀片，如图3-29所示。

③在"选择刀柄"处选择 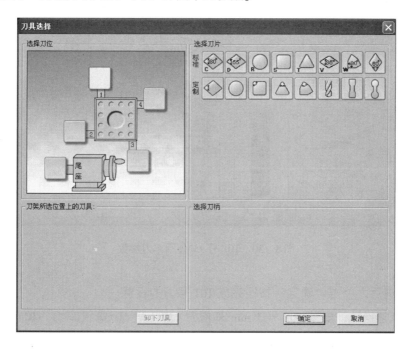，下部对话框中显示出具体参数，选择主偏角为95°的刀柄，设定刀具长度为60 mm，刀尖半径为0.8 mm，显示界面左下方显示出选择好的刀具效果图。如图3-30所示为T01号95°外圆车刀参数。

图3-28 "刀具选择"对话框

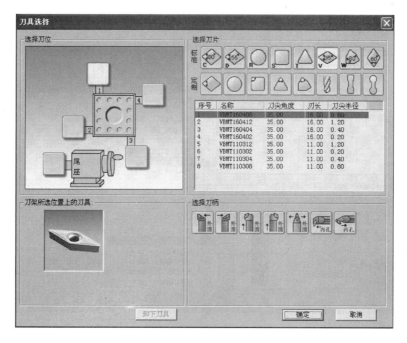

图3-29 T01号外圆车刀刀片选择对话框

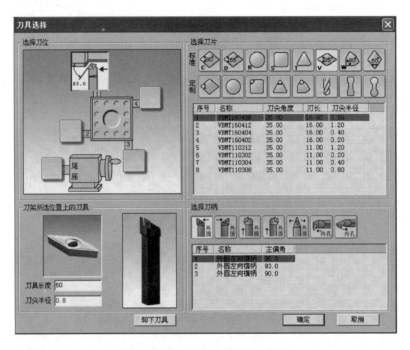

图 3 – 30　T01 号 95°外圆车刀参数

④选择完成后，单击"确定"按钮完成 T01 号刀的设置。

2）重复上述操作，安装 T02 号 3 mm 车槽刀、T03 号 60°螺纹车刀、T04 号 93°内孔车刀，刀具安装过程如图 3 – 31 所示。

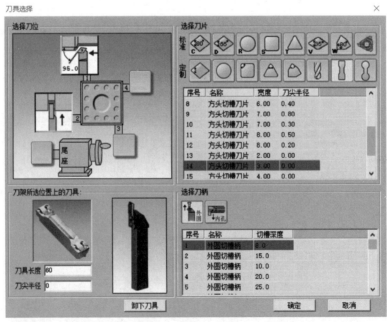

a)

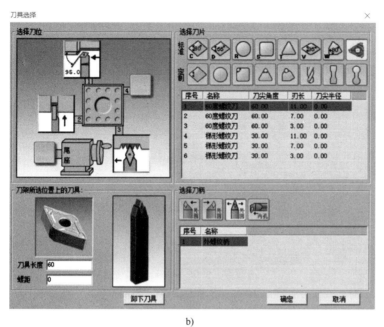

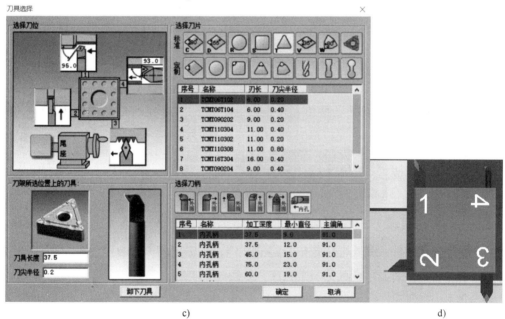

图 3 – 31 刀具安装过程

a) T02 号 3 mm 车槽刀参数 b) T03 号 60°螺纹车刀参数

c) T04 号 93°内孔车刀参数 d) 刀具安装效果图

4. 程序输入

（1）单击操作面板上的 编辑 按钮，将工作方式切换到编辑状态。

（2）单击编辑面板 MDI 键盘上的 PROG 按钮，进入程序编辑界面，如图 3 – 32 所示。

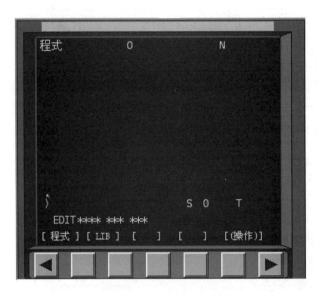

图 3 – 32　程序编辑界面

（3）单击液晶显示屏下方的［操作］软键，进入二级子菜单 ；

再单击右箭头 ，进入三级子菜单 ；然后单击

按钮，进入四级子菜单 ，输入程序号"O0001"。单击工具条上的

图标 ，显示"打开"对话框（见图 3 – 33），在打开文件对话框中选取文件。如

图 3 – 33 所示，在文件名列表框中选中所需的文件，单击"打开（O）"按钮确认，即可将

程序导入，此时界面上显示导入的加工程序，如图 3 – 34 所示。

图 3 – 33　"打开"对话框

图 3 – 34 导入程序

（4）给定加工程序，见表 3 – 3。

表 3 – 3 加工程序

零件右端加工程序	零件左端加工程序
O0001；	O0002；
N10 M03 T0101 S600 G99；	N10 M03 T0101 S600 G99；
N20 G00 X60.0 Z10.0；	N20 G00 X60.0 Z10.0；
N30 G00 X52.0 Z5.0；	N30 G00 X52.0 Z5.0；
N40 G71 U2.0 R1.0；	N40 G01 X48.0 F0.02；
N50 G71 P60 Q170 U0.05 F0.05；	N50 Z – 16.0；
N60 G01 X14.0 F0.04；	N60 G00 X100.0；
N70 Z0；	N70 Z100.0；
N80 X16.0 Z – 1.0 F0.02；	N80 T0404 S400；
N90 Z – 20.0；	N90 G00 X60.0 Z10.0；
N100 X20.0；	N100 G00 X18.0 Z5.0；
N110 X23.08 W – 2.0；	N110 G71 U1.0 R0.02；
N120 Z – 42.0；	N120 G71 P130 Q180 U – 0.05 W0 F0.05；
N130 X24.0；	N130 G00 X30.0；
N140 X36.0 Z – 64.39；	N140 G01 Z2.0 F0.02；
N150 Z – 74.0；	N150 Z – 10.0；
N160 G02 X48.0 W – 6.0 R6.0；	N160 X20.0；
N170 G01 X52.0；	N170 Z – 25.0；
N180 G70 P60 Q170；	N180 X19.05；
N190 G00 X100.0 Z100.0；	N190 G70 P130 Q180；
N200 T0202 S400；	N200 G00 Z100.0；

续表

零件右端加工程序	零件左端加工程序
N210 G00 X50.0 Z5.0;	N210 X150.0;
N220 G00 X26.0 Z−40.0;	N220 M05;
N230 G94 X20.0 W0 F0.02;	N230 M30;
N240 X20.0 Z−42.0;	
N250 G00 X150.0 Z100.0;	
N260 T0303 S600;	
N270 G00 X50.0 Z5.0;	
N280 G00 X26.0 Z−15.0;	
N290 G92 X23.0 Z−39.0 F1.5;	
N300 X22.5;	
N310 X22.05;	
N320 G00 X150.0 Z100.0;	
N330 M05;	
N340 M30;	

5. 程序校验

（1）单击操作面板上的 自动 按钮，将工作方式切换到自动加工状态。

（2）单击编辑面板 MDI 键盘上的 CUSTOM GRAPH 按钮，进入图形模拟界面，单击操作面板上的循环启动按钮 □ ，即可观察加工程序的运行轨迹，如图 3-35 所示。

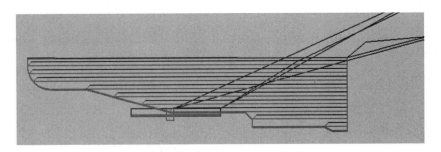

图 3-35　加工程序运行轨迹模拟

6. 对刀与偏置设置

编制数控程序时一般按工件坐标系编程，对刀的过程就是建立工件坐标系与机床坐标系之间关系的过程。下面具体说明车床对刀的方法，其中将工件右端面中心点设为工件坐标系原点。

（1）T01 号外圆车刀的设置（试切法）

1）在操作面板中选择 JOG 进入手动操作方式状态，单击坐标轴移动按钮 ，将刀具移到工件附近。

2）单击主轴正转按钮 正转 ，先在工件外圆试切一刀（见图 3-36），沿"+Z"方向退刀。单击停止按钮 停止 ，主轴停转。

3）在主菜单栏中单击"测量"选项，弹出"请您作出选择！"对话框，提示"是否保留半径小于 1 的圆弧"，如图 3-37 所示。单击"否"，弹出"测量"对话框，点击外圆加工部位，选中部位变色并显示出实际尺寸；同时，对话框下侧相应尺寸参数变为蓝色亮条显示，如图 3-38 所示。

4）单击编辑面板 MDI 键盘上的 按钮，进入刀具补正（图中是工具补正，实则为刀具补正，本书均以刀具补正表示）界面，单击显示屏内下端"形状"按钮，进入刀具补正界面，如图 3-39 所示。

图 3-36　试切外圆

图 3-37　"请您作出选择！"对话框

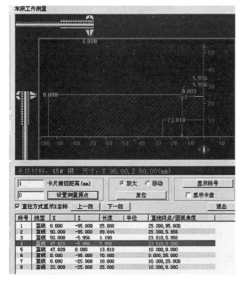

图 3-38　"测量"对话框

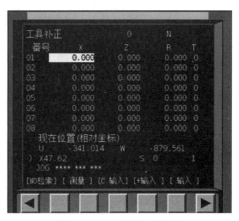

图 3-39　刀具补正界面

5）点击方向按钮 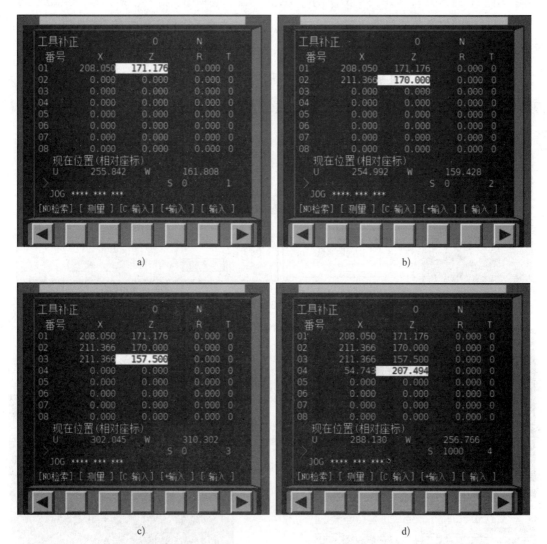，使光标移到 01 位置，在控制面板上输入 X 轴尺寸"X47.62"，点击"测量"软键，系统自动换算出 X 轴相应坐标值。如图 3 – 40 所示为刀具补偿输入界面。

6）启动主轴，手动试切工件端面并沿 X 轴退刀，停止主轴，测量试切端面到编程坐标系原点的 Z 轴坐标值并输入系统，系统自动换算出 Z 轴相应坐标值，如图 3 – 40a 所示。

（2）其他车刀的设置

用上述方法，完成 T02 号刀、T03 号刀、T04 号刀的对刀与刀具补正。

图 3 – 40　刀具补偿输入界面

a）T01 号刀刀补输入界面　b）T02 号刀刀补输入界面

c）T03 号刀刀补输入界面　d）T04 号刀刀补输入界面

7. 自动加工

（1）单击操作面板上的 **自动** 按钮，将工作方式切换到自动加工状态。

（2）单击编辑面板 MDI 键盘上的 **PROG** 按钮，切换到程序界面，单击操作面板上的循环启动按钮 ⬜ ，即可进行自动加工。如图 3 – 41 所示为零件右端加工过程。

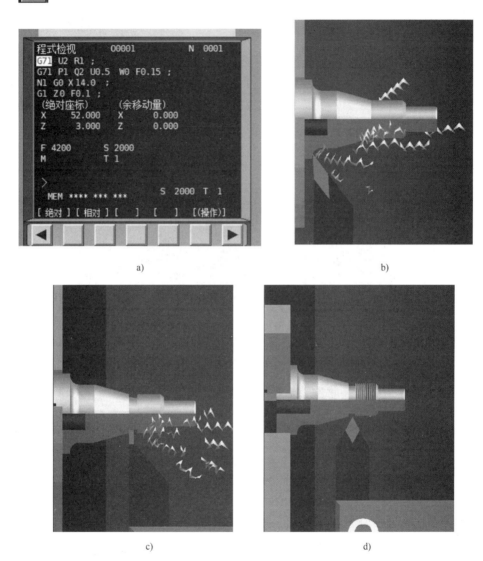

a)

b)

c)

d)

图 3 – 41　零件右端加工过程

a）显示程序　b）加工外圆　c）加工沟槽　d）加工螺纹

（3）加工完零件右端后，单击主菜单"零件"选项，进入下拉菜单，单击"移动零件"，弹出"零件移动"对话框（见图 3 – 42），单击零件反转按钮 ↻ ，然后单击"退出"按钮，将零件掉头装夹，如图 3 – 43 所示。

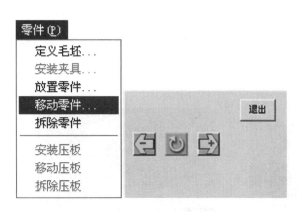

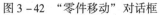

图 3 - 42 "零件移动"对话框

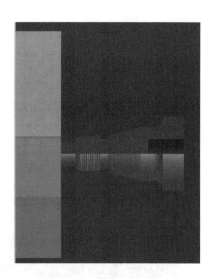

图 3 - 43 零件掉头装夹

（4）重复（1）和（2）两步，加工零件带孔一端（左端），仿真过程如图 3 - 44 所示，零件实物图如图 3 - 45 所示。

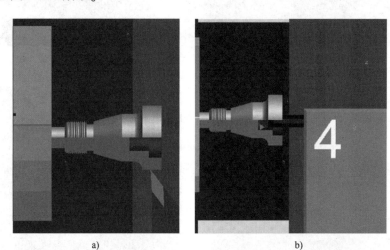

a)   b)

图 3 - 44 加工零件左端仿真过程

a）加工外圆 b）加工内孔

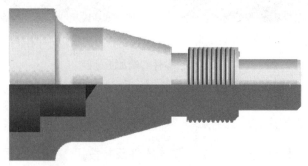

图 3 - 45 零件实物图

二、VNUC 仿真操作加工实例

用 $\phi50$ mm 的尼龙棒加工如图 3-46 所示的零件，完成零件的编程并使用 VNUC 数控仿真系统进行仿真加工，零件仿真实物图如图 3-47 所示。

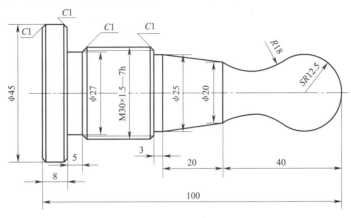

图 3-46　零件图

图 3-47　零件仿真实物图

1. 启动数控加工仿真系统

双击计算机桌面上的软件图标 ，打开 VNUC 系统。系统弹出"用户登录"界面，如图 3-48 所示。输入用户名和密码后再单击"登录"按钮，进入数控仿真系统。

图 3-48　仿真系统用户登录界面

2. 选择机床和数控系统

（1）单击主菜单"选项（O）"，单击"选择机床和系统"。

（2）在弹出的"选择机床与数控系统"对话框中，"机床类型"一栏为下拉菜单，从下拉菜单中选中"卧式车床"项，如图 3 – 49 所示。

（3）卧式车床列表会显示在窗口左下方的"数控系统"列表中。单击选中"FANUC 0T"，右边机床参数栏里显示的是选中机床的有关参数，如图 3 – 50 所示。

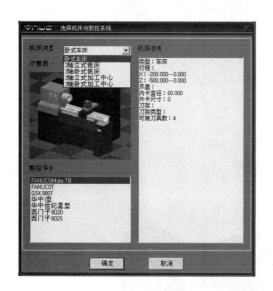

图 3 – 49　选择机床类型

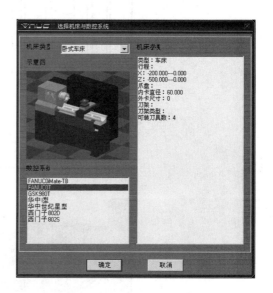

图 3 – 50　选择数控系统

（4）单击"确定"按钮，设置窗口关闭，主界面左侧的显示区显示卧式车床，右侧的数控系统面板自动切换成 FANUC 0 系统，如图 3 – 51 所示为 FANUC 0 系统数控车床仿真系统操作界面。

3. 仿真加工系统基本操作

（1）启动机床并回零

首先启动数控装置，单击加电按钮 ，单击松开急停按钮 。单击回零按钮 ，然后分别单击坐标轴移动按钮中的"＋X"和"＋Z"方向按钮，使坐标轴顺序回零。

（2）确定零件毛坯及装夹工件

1）单击主菜单"工艺流程（J）"，在其下拉菜单中单击"新毛坯"，弹出"车床毛坯"对话框，按照对话框提示填写零件要求的参数，如图 3 – 52 所示。

2）单击"确定"按钮，将设定好的"毛坯 1"添加到毛坯零件列表中，如图 3 – 53 所示。

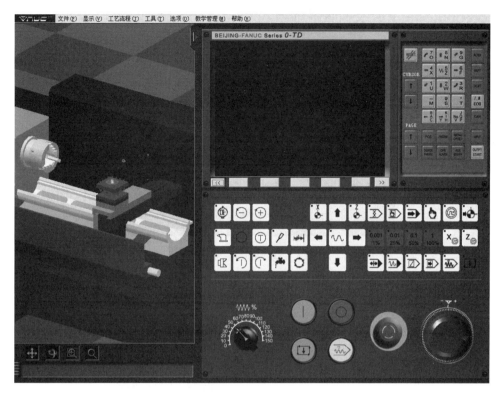

图 3 - 51 FANUC 0 系统数控车床仿真系统操作界面

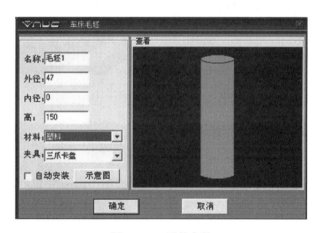

图 3 - 52 零件参数

3）选择毛坯 1，单击"安装此毛坯"按钮，然后调整毛坯到合适的位置后单击"确定"按钮即可，如图 3 - 54 所示。

（3）安装刀具

单击主菜单栏"工艺流程（J）"，单击"车刀刀库"选项，进入"刀库"对话框，根据零件形状选择相应刀具并单击"确定"按钮。同时，显示安装车刀效果图，如图 3 - 55、图 3 - 56 所示。

图 3 – 53　毛坯零件列表

图 3 – 54　调整及装夹零件

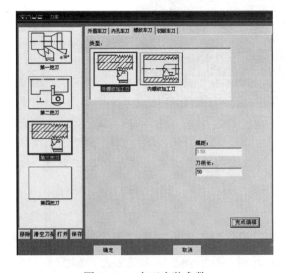

图 3 – 55　车刀安装参数

图 3 – 56　安装刀具

4. 上传（NC 语言）加工程序及自动加工

（1）上传加工程序

1）将工作方式转换到自动加工方式下。

2）单击主菜单"文件（F）"，单击"加载 NC 代码文件"。

3）从计算机中选择代码存放的文件"O0001"，给定的加工程序见表 3 – 4，单击"打开"按钮；单击程序按钮 PROG ，显示屏上显示该程序，其界面如图 3 – 57 所示。同时，该程序名会自动加入系统内存程序名列表中。

表 3 – 4　　　　　　　　　　　　加工程序

程序	程序
O0001；图 3 – 46 所示零件的加工程序	N260 G01 X25.0 W – 20.0 F0.2；
N10 M03 T0101 S800 G99；	N270 W – 3.0；
N20 G00 X55.0 Z5.0；	N280 X35.0；
N30 G71 U0.5 R1.0；	N290 G00 X100.0 Z100.0；
N40 G71 P50 Q150 U0.5 W0 F0.3；	N300 T0202 S600；
N50 G00 X0；	N310 G00 X35.0 Z – 92.0；
N60 G01 Z0 F0.2；	N320 G94 X27.0 Z – 92.0 F0.2；
N70 G03 X25.5 Z – 20.0 R12.5 F0.2；	N330 G01 X29.8 Z – 91.0 F0.2；
N80 G01 Z – 63.0 F0.2；	N340 X28.0 W – 1.0；
N90 X28.0；	N350 X49.0；
N100 X29.8 W – 1.0；	N360 G00 X50.0 Z – 105.0；
N110 Z – 92.0；	N370 G94 X42.0 Z – 105.0 F0.2；
N120 X43.0；	N380 G01 X45.0 Z – 104.0 F0.2；
N130 X44.98 W – 1.0；	N390 X43.0 W – 1.0；
N140 Z – 100.0；	N400 X50.0；
N150 X55.0；	N410 G00 X100.0 Z100.0；
N160 G00 X100.0 Z100.0；	N420 T0303 S1000；
N170 M05；	N430 G00 X32.0 Z – 60.0；
N180 M00；	N440 G92 X29.5 Z – 88.0 F1.5；
N190 M03 T0101 S800；	N450 X29.0；
N200 G00 X55.0 Z5.0；	N460 X28.5；
N210 G70 P50 Q150；	N470 X28.1；
N220 G00 X30.0 Z0；	N480 X28.05；
N230 G01 X0 F0.2；	N490 G00 X100.0 Z100.0；
N240 G03 X20.0 Z – 20.0 R12.5 F0.15；	N500 M05；
N250 G02 X20.0 Z – 40.0 R18.0；	N510 M30；

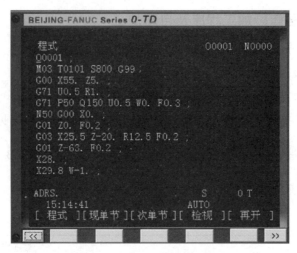

图 3 – 57　加工程序显示界面

（2）自动加工

选择 AUTO 加工方式，单击循环启动按钮 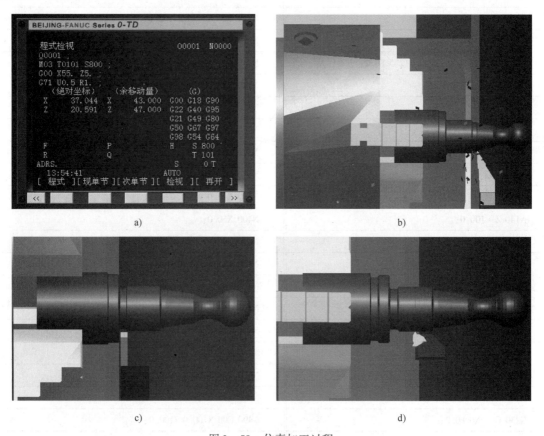，执行自动加工。仿真加工过程如图 3 – 58 所示，仿真加工结果如图 3 – 59 所示。

图 3 – 58　仿真加工过程

a）屏幕显示　b）粗、精车外圆　c）车槽　d）车螺纹

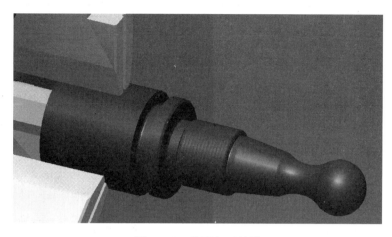

图 3 - 59 仿真加工结果

(3) 测量

零件加工完成后，单击主菜单"工具（I）"，进入"测量"对话框，可以分别测量其轮廓尺寸，从而校验编程与加工的正确性，零件仿真实物图如图 3 - 47 所示。

思考与练习

1. 采用宇龙仿真系统，加工程序见题表 3 - 1，根据给定程序进行仿真加工，实物图如题图 3 - 1 所示。

题表 3 - 1　　　　　　　　　　加工程序

程序	程序
O0001；从右至左加工	G03 X30.0 W - 1.0 R1.0；
M03 S600 T0101 G99；	G01 Z - 64.0；
G00 X50.0 Z10.0；	G02 X36.0 W - 3.0 R3.0；
G71 U1.5 R1.0；	N02 X42.0；
G71 P01 Q02 U0.5 F0.2；	G00 X50.0 Z50.0；
N01 G00 X0；	M05；
G01 Z0 F0.1；	M00；
G03 X20.0 Z - 10.0 R10.0；	M03 S800 T0101；
G01 Z - 20.0；	G00 X40.0 Z10.0；
X22.0；	G70 P01 Q02；
X25.0 Z - 30.0；	G00 X50.0 Z50.0；
Z - 51.0；	M05；
X28.0；	M30；

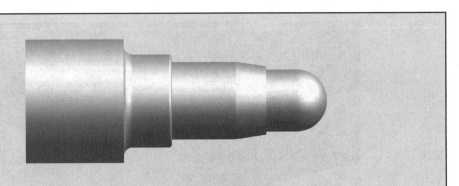

题图 3 - 1　实物图（一）

2. 采用 VNUC 仿真系统，加工程序见题表 3 - 2，根据给定程序进行仿真加工，实物图如题图 3 - 2 所示。

题表 3 - 2　　　　　　　　　　　　　**加工程序**

程序	程序
O0002；从左至右加工	M00；
M03 T0101 S800 G99；	M03；
G00 X40.0 Z5.0；	G00 X32.0 Z5.0；
G71 U1.5 R1.0；	G01 Z - 15.0 F0.15；
G71 P1 Q2 U0.5 F0.2；	G00 X35.0；
N1 G00 X0；	X100.0 Z50.0；
G01 Z0 F0.5；	T0202；
G03 X20.0 Z - 10.0 R10.0；	G00 X35.0 Z - 14.0；
G01 X27.0 Z - 20.0；	G01 X26.0 F0.1；
X30.0；	X33.0；
Z - 40.0；	W - 4.0；
N2 X33.0；	X26.0；
G00 X100.0 Z50.0；	X33.0；
M05；	X30.0 Z - 20.0；
M00；	X26.0 Z - 18.0；
M03 T0101 S800；	X33.0；
G00 X35.0 Z2.0；	G00 X100.0 Z50.0；
G70 P1 Q2；	M05；
G00 X100.0 Z50.0；	M30；
M05；	

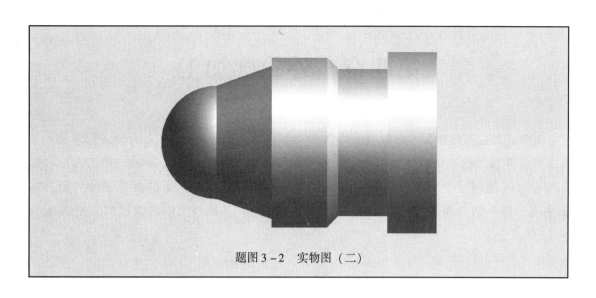

题图 3 - 2　实物图（二）

第四章　外轮廓加工

经常用数控车床加工与图4-1所示的轴类零件相似的回转类零件，而外圆和端面的加工又是零件加工的基本步骤及前期工步，所以，首先应掌握外圆与端面的加工工艺和加工方法及其编程指令、加工程序的编写方法，并能对加工中产生的误差进行分析。本章主要介绍外圆与端面加工的加工工艺、加工特点、刀具补偿以及编程加工的基本指令。

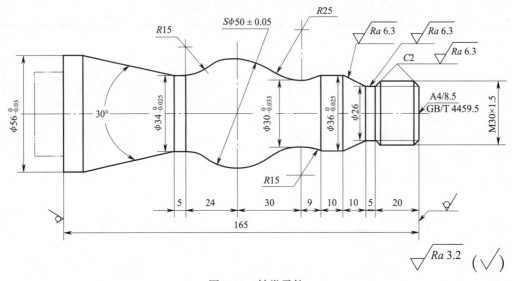

图4-1　轴类零件

第一节　外圆与端面加工

轴类零件是由最基本的外圆和端面组合而成的，由于其外形简单，因此，可以采用最简单的基本指令——快速点定位指令 G00 和直线插补指令 G01 来完成。所以，只要掌握外圆与端面的加工工艺、加工特点、G00 和 G01 指令的结构及应用方法，以及掌握如何正确对刀，就能轻松完成该任务。为了完成上述过程，首先介绍几个基本指令代码。

一、基本指令代码

1. 快速点定位指令 G00

G00 指令是模态代码，它命令刀具以点定位控制方式从刀具所在点快速运动到下一个目标位置。它只用于快速定位，而无运动轨迹要求，且无切削加工过程。

（1）指令书写格式

G00 X（U）＿ Z（W）＿;

X＿、Z＿——绝对坐标编程时，刀具以各轴的快速进给速度运动到工件坐标系

（X＿，Z＿）点；

U＿、W＿——增量坐标编程时，刀具以各轴的快速进给速度运动到距离现有位置为 U

和 W 的点。

如图4-2所示的零件，要求刀具快速从 A 点移到 B 点，编程格式如下：

设零件右端面与轴线的交点为工件原

点，则有：

G00 X40.0 Z0;（绝对）

G00 U－60.0 W－36.0;（相对）

G00 X40.0 W－36.0;（混合）

G00 U－60.0 Z0;（混合）

（2）走刀规律

指令的运动轨迹按快速进给速度运行，
先是两轴同量、同步进给做斜线运动，先
走完距离较短的轴，再走完距离较长的另
一轴。

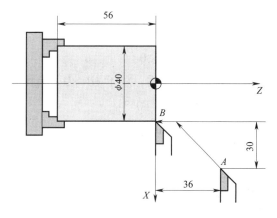

图4-2 快速点定位

提示

1. G00 为模态指令，可由 G01、G02、G03 或 G33 功能注销。

2. 移动速度不能用程序指令设定，而是由厂家预先设置的。

3. G00 的执行过程是：刀具由程序起始点加速到最大速度，然后快速移动，最后减
速到终点，实现快速点定位。

4. 刀具的实际运动路线有时不是直线，而是折线，使用时应注意刀具是否会与工件
发生干涉。

5. G00 指令一般用于加工前的快速定位或加工后的快速退刀。

---

2. 直线插补指令 G01

G01 指令是模态代码，它是直线运动命令，规定刀具在两坐标或三坐标间以插补联动方
式按指定的 F 进给速度做任意的直线运动。

（1）指令书写格式

G01 X（U）＿ Z（W）＿ F＿;

X＿、Z＿——绝对坐标编程时，刀具以 F 指令的进给速度运动到工件坐标系（X＿，

Z＿）点；

U 、W ___——增量坐标编程时，刀具以 F 指令的进给速度运动到距离现有位置为 U 和 W 的点；

F ___——合成进给速度。

在 G 指令格式中，如果省略 X（U），则表示为外圆加工；如果省略 Z（W），则表示为端面加工。

直线插补指令的应用如图 4-3 所示。

使用绝对坐标编程（设右端面与轴线交点为工件原点），从 A→B→D，编程格式如下：

G01 X40.0 Z5.0 F0.3；

G01 X40.0 Z-15.0；

使用增量坐标编程，从 A→B→D，编程格式如下：

G01 U-10.0 W0 F0.3；

G01 U0 W-20.0；

（2）走刀规律

指令的运动轨迹按 F 给定的进给速度两轴同时运行到达指定终点。

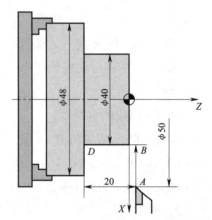

图 4-3　直线插补指令的应用

3. 外圆切削循环（G90）

当零件的直径落差比较大、加工余量大时，需要多次重复同一路径循环加工，才能去除全部余量，这样会造成程序所占内存较大。为了简化编程，数控系统提供了不同形式的固定循环功能，以缩短程序的长度，减少程序所占内存。固定切削循环通常是用一个含 G 代码的程序段完成用多个程序段指令的操作，使程序得以简化。

（1）指令书写格式

G90 X（U）___ Z（W）___ F___；

X___、Z___——绝对值编程时，切削终点坐标值；

U __、W __——增量值编程时，切削终点相对于循环起点的有向距离；

F __——合成进给速度。

外圆切削循环指令如图 4 – 4 所示，刀具从循环起点开始按矩形循环，最后又回到循环起点。图中 1R 和 4R 表示快速移动，2F 和 3F 表示按指定的工件的切削进给速度移动。X（U）和 Z（W）取值为圆柱面切削终点（即 C 点），B 点则为切削起点，其加工顺序按 1、2、3、4 进行。

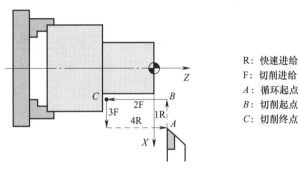

R：快速进给
F：切削进给
A：循环起点
B：切削起点
C：切削终点

图 4 – 4 外圆切削循环指令

（2）编程实例

如图 4 – 5a 所示，用 G90 指令粗车零件上 ϕ40 mm 的圆柱面，一共分 3 刀车削。

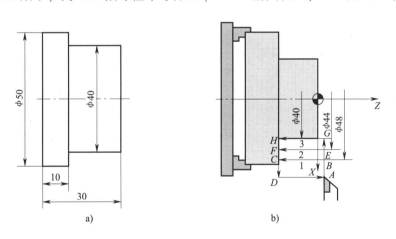

图 4 – 5 G90 外圆切削循环
a）零件图 b）分析图

由图 4 – 5b 得知：加工 ϕ40 mm 的外圆要车掉 10 mm 的余量，用 G90 指令加工将分 3 层车削，第 1 层车掉 2 mm，第 2 层和第 3 层车掉 4 mm；用 3 个 G90 指令进行粗车，其加工程序如下：

...

N40 G00 X50.0 Z2.0；　　　　　　快速定位

N50 G90 X48.0 Z – 20.0 F0.2；　　车削 ϕ48 mm 的外圆，走刀路线：$A{\rightarrow}B{\rightarrow}C{\rightarrow}D{\rightarrow}A$

N60 X44.0；　　　　　　　　　　切削 ϕ44 mm 的外圆，走刀路线：$A{\rightarrow}E{\rightarrow}F{\rightarrow}D{\rightarrow}A$

N70 X40.0；   切削 ϕ40 mm 的外圆，走刀路线：$A{\rightarrow}G{\rightarrow}H{\rightarrow}D{\rightarrow}A$

…

提示

1. 在固定循环切削过程中，M、S、T 等功能都不能改变；如需改变，必须在 G00 或 G01 的指令下变更，然后再指令固定循环。

2. G90 循环每一步加工结束后刀具均返回起刀点。

3. G90 循环第一步移动为 X 轴方向移动。

4. 端面切削循环（G94）

（1）指令书写格式

G94 X（U）__ Z（W）__ F__；

X__、Z __——绝对值编程时，切削终点坐标值；

U __、W __——增量值编程时，切削终点相对于循环起点的有向距离；

F __——合成进给速度。

端面切削循环如图 4-6 所示，刀具从循环起点开始按矩形循环，其加工顺序按 1、2、3、4 进行。

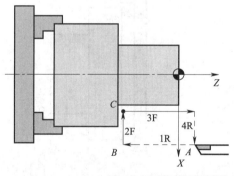

R：快速进给
F：切削进给
A：循环起点
B：切削起点
C：切削终点

图 4-6 端面切削循环

（2）编程实例

如图 4-7a 所示，用 G94 指令粗车零件上 ϕ30 mm 的圆柱面，一共分 3 刀车削。

由图 4-7b 得知：加工 ϕ30 mm 的外圆时长度方向要车掉 6 mm 的余量，用 G94 指令加工将分 3 层车削，第 1 层车掉 1 mm，第 2 层和第 3 层车掉 2.5 mm；用 3 个 G94 指令进行粗车，其加工程序如下（设右端面中心点为工件原点）：

…

N20 G00 X52.0 Z1.0；   快速定位

N30 G94 X30.0 Z-1.0 F0.3；   走刀路线：$A{\rightarrow}B{\rightarrow}E{\rightarrow}G{\rightarrow}A$

N40 Z-3.5；   走刀路线：$A{\rightarrow}C{\rightarrow}F{\rightarrow}G{\rightarrow}A$

N50 Z－6.0；　　　　　　　走刀路线：$A \to D \to H \to G \to A$

…

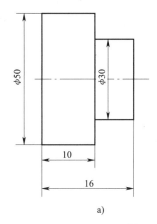
a)

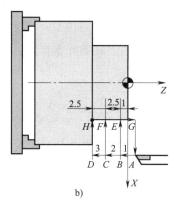
b)

图 4－7　G94 端面切削循环

a）零件图　b）分析图

5. 刀具偏置

数控程序一般按工件坐标系编写，对刀过程就是建立工件坐标系与机床坐标系之间对应关系的过程。常见的是将工件右端面中心点设为工件坐标系原点。

刀具偏置（补偿）功能是用来补偿刀具实际安装位置（或实际刀尖圆弧半径）与理论编程位置（刀尖圆弧半径）之差的一种功能。刀具偏置（补偿）功能是数控车床的一种主要功能，它分为刀具偏置补偿（即刀具位置补偿）和刀尖圆弧半径补偿两种功能。在此主要介绍刀具位置补偿。

刀具位置补偿是数控加工中较为复杂的准备工作之一，各刀具定位及相互之间的位置将直接影响到零件的尺寸精度。如图 4－8 所示，刀具安装在刀架上后便与机床确定一相互关

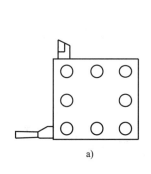
a)

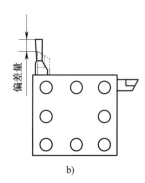
b)

图 4－8　刀具位置补偿

a）刀具安装位置　b）两把刀的位置偏差量

系，但每把刀具安装的位置和伸出长度均不相同，都存在一定的位置偏差。如图 4-8a 所示为刀具安装位置，图 4-8b 所示为两把刀在同一基准下的位置偏差量。

这个偏差值可通过刀具补偿值设定，使刀具在 X 向和 Z 向获得相应的补偿量。通过对刀或刀具预调，使每把刀的刀位点尽量重合于某一理想基准点，同时测定各刀的刀位偏差值，并将其存入相应的刀具偏置寄存器，以备加工时随时调用。

二、外圆加工

如图 4-9 所示为台阶轴，毛坯尺寸为 $\phi45$ mm × 151 mm，材料为 45 钢，编写该零件的加工程序，并按要求完成该零件的数控加工。

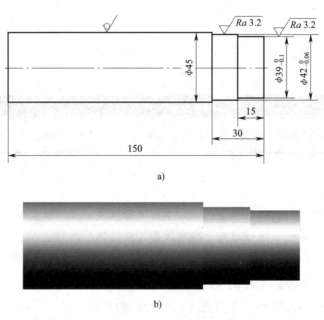

图 4-9 台阶轴
a）零件图　b）实物图

1. 工艺分析

（1）加工工艺分析

1）编程原点的确定。设工件右端面与轴线的交点为编程原点。

2）制定加工路线。车端面 → 车削 $\phi42_{-0.06}^{\ 0}$ mm 的外圆 → 车削 $\phi39_{-0.1}^{\ 0}$ mm 的外圆。

（2）工件的装夹

采用三爪自定心卡盘装夹工件，如图 4-10 所示。

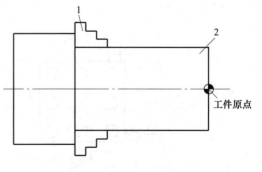

图 4-10 工件的装夹
1—三爪自定心卡盘　2—工件

2. 填写工艺卡片

（1）确定加工工艺，填写数控加工工艺卡，见表 4 - 1。

表 4 - 1   数控加工工艺卡

工序	名称	工艺要求			操作者	备注
1	下料	$\phi 45$ mm × 151 mm				
2	数控车	工步	工步内容	刀具号		
		1	车端面	T01		
		2	车 $\phi 42_{-0.06}^{0}$ mm 的外圆	T02		
		3	车 $\phi 39_{-0.1}^{0}$ mm 的外圆	T02		
3	检验					

（2）切削用量及刀具选择见表 4 - 2。

表 4 - 2   切削用量及刀具选择

刀具号	刀具规格及名称	数量	加工内容	主轴转速/（r/min）	进给速度/（mm/r）	备注
T01	45°外圆车刀	1	车端面	500	0.1	
T02	90°外圆车刀	1	车工件外轮廓	600	0.1	

3. 编写加工程序

零件加工程序见表 4 - 3。

表 4 - 3   零件加工程序

程序	说明
O0001；	
N10 M03 T0101 S500 G99；	以 500 r/min 启动主轴正转，选择 1 号刀及 1 号刀补
N20 G00 X50.0 Z2.0；	快速移到起刀点
N30 G01 Z0 F0.3；	进刀
N40 X0 F0.1；	加工端面
N50 Z2.0；	退刀
N60 G00 X100.0 Z100.0；	退刀
N70 T0202 S600；	换 2 号刀加工外圆
N80 G00 X50.0 Z2.0；	快速移到起刀点
N90 G00 X42.0；	进刀
N100 G01 Z - 30.0 F0.1；	加工 $\phi 42_{-0.06}^{0}$ mm 的外圆
N110 X50.0；	退刀
N120 G00 Z2.0；	快速退刀
N130 X39.0；	进刀
N140 G01 Z - 15.0；	加工 $\phi 39_{-0.1}^{0}$ mm 的外圆
N150 X50.0；	退刀
N160 G00 X100.0 Z100.0；	退刀
N170 M05；	主轴停止
N180 M30；	程序结束并复位

提示

1. 输入并校验加工程序，每人至少一遍，并经带班教师检查且确认无误后才能进行车削练习。

2. 车削台阶前，必须准确对好车刀刀尖与主轴中心等高，严格调整好对刀点位置。如果在加工过程中需要停车检查定刀点，可使用"单段"功能暂停程序或按"暂停"键实施硬件暂停。待调整好位置后，必须在教师的指导下恢复运行程序，以免发生意外。

3. 加工后出现尺寸误差时，应冷静分析，查找原因。

（1）如各尺寸均增大或减小同一个尺寸，说明可能是对刀点有问题。

（2）如各部分尺寸误差参差不齐，原则上应立即停车，然后在教师的指导下查找原因。

4. 学生不得按加工工件尺寸的波动随意修改程序中的各尺寸坐标值。

三、台阶轴加工

如图 4 – 11 所示为复杂台阶轴，毛坯尺寸为 $\phi45$ mm $\times 150$ mm，材料为 45 钢（也可沿用上一节的材料）。本任务要求编写该零件的粗、精加工程序，并按要求完成该零件的数控加工。

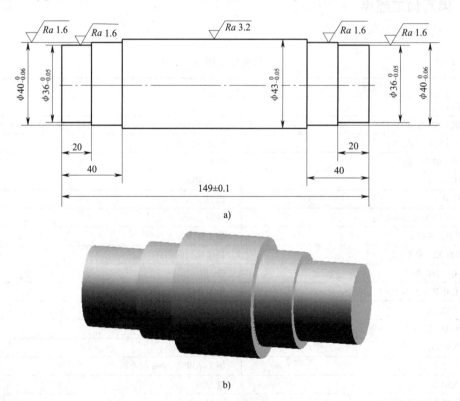

图 4 – 11 复杂台阶轴
a）零件图 b）三维立体图

1. 工艺分析

（1）加工工艺分析

1）编程原点的确定。该零件两端均需加工，且需控制总长，因此，分别将编程原点定在工件左、右端面与轴线的交点处。

2）制定加工路线

①夹持零件右端，车左端面→粗车图样上 $\phi43_{-0.05}^{0}$ mm、$\phi40_{-0.06}^{0}$ mm、$\phi36_{-0.05}^{0}$ mm 的外圆，留精加工余量 0.5 mm，同时控制长度 20 mm 和 40 mm 至尺寸→依次精加工 $\phi36_{-0.05}^{0}$ mm、$\phi40_{-0.06}^{0}$ mm、$\phi43_{-0.05}^{0}$ mm 的外圆至尺寸。

②掉头夹持零件左端→车右端面并控制总长（149±0.1）mm→粗车图样上 $\phi40_{-0.06}^{0}$ mm 和 $\phi36_{-0.05}^{0}$ mm 的外圆，留精加工余量 0.5 mm，同时控制长度 20 mm 和 40 mm 至尺寸→依次精加工 $\phi36_{-0.05}^{0}$ mm 和 $\phi40_{-0.06}^{0}$ mm 的外圆至尺寸。

（2）工件的装夹

采用三爪自定心卡盘装夹工件，如图 4-12 所示。

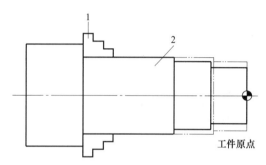

工件原点

图 4-12　工件的装夹
1—三爪自定心卡盘　2—工件

2. 填写工艺卡片

（1）确定加工工艺，填写数控加工工艺卡，见表 4-4。

表 4-4　　　　　　　　　　　　　　　数控加工工艺卡

工序	名称	工艺要求			操作者	备注
1	下料	$\phi45$ mm × 150 mm				
2	数控车	工步	工步内容	刀具号		
		1	夹持零件右端，车左端面	T01		
		2	粗车图样上 $\phi43_{-0.05}^{0}$ mm、$\phi40_{-0.06}^{0}$ mm、$\phi36_{-0.05}^{0}$ mm 的外圆，留精车余量 0.5 mm，控制长度 20 mm 和 40 mm 至尺寸	T02		
		3	精车 $\phi43_{-0.05}^{0}$ mm、$\phi40_{-0.06}^{0}$ mm、$\phi36_{-0.05}^{0}$ mm 的外圆至尺寸	T03		
		4	掉头夹持零件左端			
		5	车右端面并控制总长（149±0.1）mm	T01		
		6	粗车图样上 $\phi40_{-0.06}^{0}$ mm 和 $\phi36_{-0.05}^{0}$ mm 的外圆，留精车余量 0.5 mm，控制长度 20 mm 和 40 mm 至尺寸	T02		
		7	精车 $\phi40_{-0.06}^{0}$ mm 和 $\phi36_{-0.05}^{0}$ mm 的外圆至尺寸	T03		
3	检验					

（2）切削用量及刀具选择见表 4 – 5。

表 4 – 5 切削用量及刀具选择

刀具号	刀具规格及名称	数量	加工内容	主轴转速/（r/min）	进给速度/（mm/r）	备注
T01	45°外圆车刀	1	车端面	500	0.2	
T02	90°外圆粗车刀	1	粗车外轮廓	600	0.3	
T03	90°外圆精车刀	1	精车外轮廓	800	0.1	

3. 编写加工程序

零件左端加工程序见表 4 – 6，零件右端加工程序见表 4 – 7。

表 4 – 6 零件左端加工程序

程序	说明
O0001；	
N10 M03 T0101 S500 G99；	以 500 r/min 启动主轴正转，选择 1 号刀，执行 1 号刀补
N20 G00 X50.0 Z2.0；	快速移到起刀点
N30 G94 X0 Z0 F0.2；	加工端面
N40 G00 X100.0 Z100.0；	退刀
N50 T0202 S600；	换 2 号刀粗加工外圆
N60 G00 X50.0 Z2.0；	快速移到起刀点
N70 G90 X43.5 Z – 111.0 F0.3；	粗加工 $\phi 43_{-0.05}^{0}$ mm 的外圆
N80 X40.5 Z – 40.0；	粗加工 $\phi 40_{-0.06}^{0}$ mm 的外圆
N90 X36.5 Z – 20.0；	粗加工 $\phi 36_{-0.05}^{0}$ mm 的外圆
N100 G00 X100.0 Z100.0；	退刀
N110 T0303 S800；	换 3 号刀精加工外圆
N120 G00 X50.0 Z2.0；	快速移到起刀点
N130 G01 X36.0 F0.1；	进刀准备精加工
N140 Z – 20.0；	精加工 $\phi 36_{-0.05}^{0}$ mm 的外圆
N150 X40.0；	精车端面
N160 Z – 40.0；	精加工 $\phi 40_{-0.06}^{0}$ mm 的外圆
N170 X43.0；	精车端面
N180 Z – 111.0；	精加工 $\phi 43_{-0.05}^{0}$ mm 的外圆
N190 X50.0；	退刀
N200 G00 X100.0 Z100.0；	退刀
N210 M05；	主轴停止
N220 M30；	程序结束并复位

表 4 - 7　　　　　　　　　　　　零件右端加工程序

程序	说明
O0002；	
N10 M03 T0101 S500 G99；	以 500 r/min 启动主轴正转，选择 1 号刀及 1 号刀补
N20 G00 X50.0 Z2.0；	快速移到起刀点
N30 G94 X0 Z0 F0.2；	加工端面，保证尺寸（149 ± 0.1）mm
N40 G00 X100.0 Z100.0；	退刀
N50 T0202 S600；	换 2 号刀粗加工外圆
N60 G00 X50.0 Z2.0；	快速移到起刀点
N70 G90 X40.5 Z - 40.0 F0.3；	粗加工 $\phi 40_{-0.06}^{0}$ mm 的外圆
N80 X36.5 Z - 20.0；	粗加工 $\phi 36_{-0.05}^{0}$ mm 的外圆
N90 G00 X100.0 Z100.0；	退刀
N100 T0303 S800；	换 3 号刀精加工外圆
N110 G00 X50.0 Z2.0；	快速移到起刀点
N120 G01 X36.0 F0.1；	进刀准备精加工
N130 Z - 20.0；	精加工 $\phi 36_{-0.05}^{0}$ mm 的外圆
N140 X40.0；	精车端面
N150 Z - 40.0；	精加工 $\phi 40_{-0.06}^{0}$ mm 的外圆
N160 X45.0；	精车端面并退刀
N170 G00 X100.0 Z100.0；	退刀
N180 M05；	主轴停止
N190 M30；	程序结束并复位

四、外圆加工质量分析

外圆加工常见问题的产生原因和解决方法见表 4 - 8。

表 4 - 8　　　　　　　　外圆加工常见问题的产生原因和解决方法

现象	产生原因	解决方法
工件外圆尺寸超差 1—超差线　2—合格线	1. 刀具数据不准确 2. 切削用量选择不当，产生让刀现象 3. 程序错误 4. 工件尺寸计算错误	1. 调整或重新设定刀具数据 2. 合理选择切削用量 3. 检查、修改加工程序 4. 正确计算工件尺寸

续表

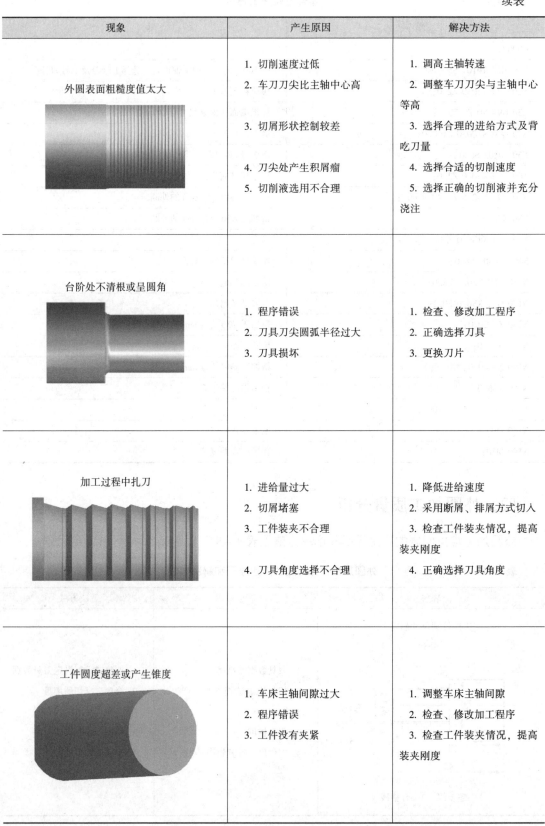

现象	产生原因	解决方法
外圆表面粗糙度值太大	1. 切削速度过低 2. 车刀刀尖比主轴中心高 3. 切屑形状控制较差 4. 刀尖处产生积屑瘤 5. 切削液选用不合理	1. 调高主轴转速 2. 调整车刀刀尖与主轴中心等高 3. 选择合理的进给方式及背吃刀量 4. 选择合适的切削速度 5. 选择正确的切削液并充分浇注
台阶处不清根或呈圆角	1. 程序错误 2. 刀具刀尖圆弧半径过大 3. 刀具损坏	1. 检查、修改加工程序 2. 正确选择刀具 3. 更换刀片
加工过程中扎刀	1. 进给量过大 2. 切屑堵塞 3. 工件装夹不合理 4. 刀具角度选择不合理	1. 降低进给速度 2. 采用断屑、排屑方式切入 3. 检查工件装夹情况，提高装夹刚度 4. 正确选择刀具角度
工件圆度超差或产生锥度	1. 车床主轴间隙过大 2. 程序错误 3. 工件没有夹紧	1. 调整车床主轴间隙 2. 检查、修改加工程序 3. 检查工件装夹情况，提高装夹刚度

五、端面加工质量分析

端面加工常见问题的产生原因和解决方法见表4－9。

表4－9　　　　　　　　　端面加工常见问题的产生原因和解决方法

现象	产生原因	解决方法
端面加工时长度尺寸超差 1—超差线　2—合格线	1. 刀具数据不准确 2. 尺寸计算错误 3. 程序错误	1. 调整或重新设定刀具数据 2. 正确进行尺寸计算 3. 检查、修改加工程序
端面表面粗糙度值太大 	1. 切削速度过低 2. 刀尖过高 3. 切屑形状控制较差 4. 刀尖处产生积屑瘤 5. 切削液选用不合理	1. 调高主轴转速 2. 调整刀尖高度 3. 选择合理的进给方式及背吃刀量 4. 选择合适的切削速度 5. 选择正确的切削液并充分浇注
端面中心处 有凸台或凹凸不平 	1. 程序错误 2. 刀尖过高或过低 3. 刀具损坏 4. 机床主轴间隙过大 5. 切削用量选择不当	1. 检查、修改加工程序 2. 调整刀尖高度 3. 更换刀片 4. 调整机床主轴间隙 5. 合理选择切削用量
台阶处不清根或呈圆角 	1. 程序错误 2. 刀具刀尖圆弧半径过大 3. 刀具损坏	1. 检查、修改加工程序 2. 正确选择加工刀具 3. 更换刀片

第二节　锥　面　加　工

一、刀尖圆弧半径补偿

任何一把尖形车刀都会带有一定的刀尖圆弧，带有刀尖圆弧的刀尖能有效地延长刀具寿命，减小表面粗糙度值，但也会对工件加工造成一些不利影响（例如，加工圆弧面和圆锥面时会产生圆度误差和锥度误差）。相对于普通车刀而言，一般情况下数控刀具的刀尖圆弧半径值均稍大，因此，它对加工的影响（包括零件局部的形状误差和尺寸误差）更加不容忽视。

1. 刀尖圆弧半径补偿的目的

数控程序一般是针对刀具上的某一点即刀位点，按工件轮廓尺寸编制的。车刀的刀位点一般为理想状态下的假想刀尖或刀尖圆弧圆心点，如图 4 – 13 所示。但在实际加工中，所有车刀均有大小不等的刀尖圆弧，因此，刀尖往往不是一个理想点，而是一段圆弧，如图 4 – 13 所示。进行切削加工时，刀具切削点在刀尖圆弧上变动，造成实际切削点与刀位点之间的位置有偏差，故造成过切或少切。这种由于刀尖不是一个理想点而是一段圆弧所造成的加工误差可用刀尖圆弧半径补偿功能来消除。

车削时，实际起作用的切削刃是圆弧的各切点，这样在加工圆锥面和圆弧面时就会产生加工表面的形状误差，如图 4 – 14 所示。从图中可以看出，编程时刀尖运动轨迹是 P_0—P_1—P_2，但由于刀尖圆弧半径 R 的存在，实际车出的工件形状如图中细双点画线所示，这样就产生圆锥表面误差 δ。如果工件要求不高（如留有磨削余量），可忽略不计。如工件要求很高，就应考虑刀尖圆弧半径对工件表面形状的影响。

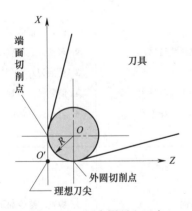

图 4 – 13　刀尖圆弧和刀尖

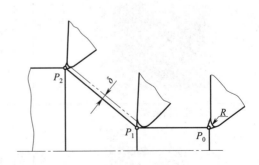

图 4 – 14　车圆锥产生的误差

下面用车圆弧的实例来说明刀尖磨损对工件表面形状误差的影响。如图 4 – 15 所示，编程时刀尖运动轨迹是刀尖 A 的轨迹（图中 P_1，A，A，A，⋯，P_2）。但是，车削时实际起切削作用的是刀尖圆弧的各切点，因此，车出的工件实际表面形状是图中的细双点画线所示的形状，这样就产生了较大的形状误差 δ_1 和 δ_2。可见，在这种情况下就必须考虑刀尖圆弧半径对工件表面形状的影响。

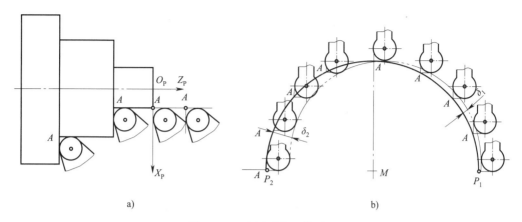

图 4 – 15　车圆弧产生的误差

车内孔、外圆或端面时并无误差产生，因为实际切削刃的轨迹与工件轨迹一致（见图 4 – 15a）。但车圆锥面和圆弧时，工件轮廓（编程轨迹或假想刀尖轨迹）与实际轨迹不重合，如图 4 – 14 和图 4 – 15b 所示，有误差 δ 产生。消除误差的方法是采用机床的刀尖半径补偿功能，编程者只需按工件轮廓线编程。执行刀尖半径补偿后，刀具自动偏离工件轮廓一个刀具半径值，从而消除了刀尖

图 4 – 16　刀尖半径补偿时的刀具轨迹

圆弧半径对工件形状的影响，如图 4 – 16 所示为刀尖半径补偿时的刀具轨迹。

2. 刀尖半径补偿指令

利用刀尖半径补偿功能可以简化程序的编制工作，机床可自动判断补偿方向和补偿值的大小，自动计算出实际刀具中心轨迹，并按刀具中心轨迹运动。

根据刀具轨迹的左右补偿，刀尖半径补偿的指令包括以下几种：

（1）刀尖半径左补偿（G41）

刀尖圆弧半径补偿的选择如图 4 – 17 所示。其中，顺着刀具运动方向看，刀具在工件的左侧时，称为刀尖半径左补偿。

（2）刀尖半径右补偿（G42）

如图 4 – 17 所示，顺着刀具运动方向看，刀具在工件的右侧时，称为刀尖半径右补偿。

（3）取消刀尖左右补偿（G40）

如需要取消刀尖左右补偿，可编入 G40 代码。这时，使假想刀尖轨迹与编程轨迹重合。

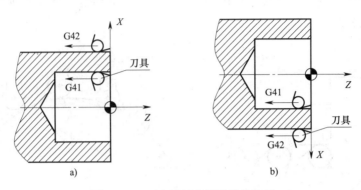

图 4 – 17　刀尖圆弧半径补偿的选择

a）后置刀架　b）前置刀架

3. 刀尖半径补偿指令（G40、G41、G42）的格式

（1）指令书写格式

$$\left.\begin{matrix} G41 \\ G42 \\ G40 \end{matrix}\right\} \left\{\begin{matrix} G01 \\ G00 \end{matrix}\right\} \text{X（U）}\_\_\text{ Z（W）}\_\_;$$

X __、Z __——建立或取消刀尖补偿段中刀具移动的绝对终点坐标；

U __、W __——建立或取消刀尖补偿段中刀具移动的相对终点坐标。

刀尖圆弧半径补偿通过 G41、G42、G40 代码及 T 代码指定的刀尖圆弧半径补偿号加入或取消半径补偿。

（2）指令说明

G41：激活刀尖半径左补偿；G42：激活刀尖半径右补偿。对应每个刀具补偿号，都有一组偏置量 X 和 Z。刀尖半径 R 和刀尖方位号（见图 4 – 18）可以用面板上的功能键 OFF-SET 分别设定、修改并输入 NC 中，也可以用程序指令来输入。

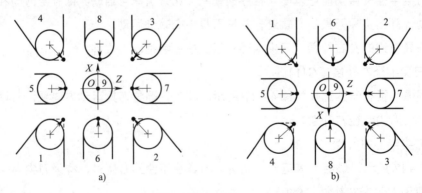

图 4 – 18　刀尖方位号

a）后置刀架　b）前置刀架

• 代表刀具刀位点 A，＋代表刀尖圆弧圆心 O

4. 编程实例

试采用刀尖半径补偿指令车削如图 4 – 19 所示的零件。

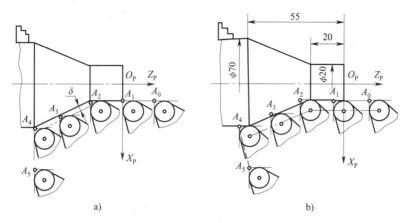

图 4 – 19 刀尖半径补偿实例

a）无刀尖半径补偿 b）刀尖半径右补偿

未采用刀尖半径补偿指令时，刀具以假想刀尖轨迹运动，圆锥面产生误差 δ，如图 4 – 19a 所示。采用刀尖半径补偿指令后，系统自动计算刀尖圆弧中心轨迹，使刀具按刀尖圆弧轨迹运动，无表面形状误差，如图 4 – 19b 所示。$A_0 \rightarrow A_1$ 为产生刀尖补偿过程，$A_4 \rightarrow A_5$ 为取消刀尖补偿过程。如图 4 – 19b 所示为刀具车削出符合图样要求的图形。

加工程序见表 4 – 10。

表 4 – 10 加工程序

程序	说明
O0001；	
N10 M03 S800 T0101 G99；	
N20 G00 X20.0 Z5.0；	快进至 A_0 点
N30 G42 G01 X20.0 Z0 F0.05；	刀具右补偿 $A_0 \rightarrow A_1$
N40 Z – 20.0；	车外圆 $A_1 \rightarrow A_2$
N50 X70.0 Z – 55.0；	车圆锥面 $A_2 \rightarrow A_4$
N60 G40 X80.0 Z – 55.0；	退刀并取消刀尖半径补偿 $A_4 \rightarrow A_5$
N70 G00 X100.0 Z100.0 T0100；	
N80 M05；	
N90 M30；	

提示

1. G41、G42、G40 指令不能与圆弧切削指令写在同一个程序段内，但可与 G01 和 G00 指令在同一程序段出现，即刀尖半径补偿指令是通过直线运动来建立或取消刀具补偿的。

2. 在调用新刀具前或要更改刀具补偿方向时，必须取消刀具补偿，目的是避免产生加工误差。

3. 在 G41 或 G42 程序段后面加 G40 程序段，便可实现刀尖半径补偿取消，其格式为：

G41 （或 G42）；

…

G40；

程序的最后必须以取消偏置状态结束，则刀具不能在终点定位，而是停在与终点位置偏置一个矢量的位置上。

4. G41、G42、G40 是模态代码，可相互注销。

5. 在 G41 方式中不要再指定 G41 方式，否则补偿会出错。同样，在 G42 方式中不要再指定 G42 方式。当补偿取负值时，G41 和 G42 互相转化。

6. 在使用 G41 和 G42 之后的程序段，不能出现连续两个或两个以上的不移动指令，否则 G41 和 G42 会失效。

5. 刀尖半径补偿存储

刀尖半径补偿可以由刀具补偿号来实现，在程序中用指定的 T 代码来实现。在 T 代码后的 4 位数码中，前两位为刀具号，后两位为刀具补偿号。刀具补偿号实际上是刀具补偿寄存器的地址号，该寄存器中放有刀具的几何偏置量和磨损偏置量（X 轴偏置和 Z 轴偏置），如图 4-20 所示为刀具补偿寄存器界面。刀具补偿号可以是 00~16 中的任意一个数（即任意一个位置，一般情况下刀具补偿号与刀具号一致）。刀具补偿号为 00 时，表示不进行刀具补偿或取消刀具补偿。

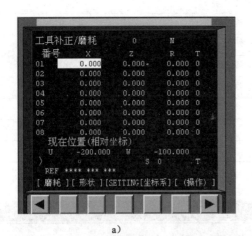

a)   b)

图 4-20　刀具补偿寄存器界面

a) 输入并存储 X 坐标值　b) 输入刀尖半径值

当刀具磨损后或工件尺寸有误差时，只需修改每把刀具相应存储器中的数值即可。例如，某工件加工后的外圆直径比所要求的尺寸大（或小）了 0.02 mm，则可以用 −0.02（或 0.02）修改相应存储器中的数值，如图 4 − 21 所示为磨耗输入界面。当长度方向尺寸有误差时，修改方向类同。

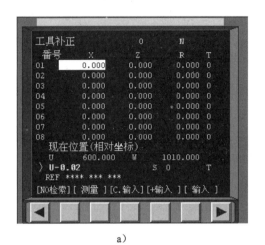 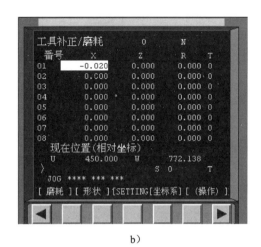

a)　　　　　　　　　　　　　b)

图 4 − 21　磨耗输入界面

a) 输入修改数值前　b) 输入修改数值后

提示

尺寸误差通过磨耗修订后，刀具补偿必须重新调用才能更新有效，偏置量补偿在程序的执行过程中完成，这个过程是不能省略的。

例如，"G00 X20.0 Z10.0 T0202" 表示调用 2 号刀具，且有刀具补偿，补偿量在 02 号储存器内。

二、锥面零件工艺分析

1. 圆锥加工路线

圆锥加工路线如图 4 − 22 所示。

（1）按图 4 − 22a 所示的阶梯切削路线，两刀粗车，最后一刀精车。采用这种加工路线粗车时，刀具的背吃刀量相同；精车时，背吃刀量不同。缺点是粗车时终点坐标需精确计算，精车时切削力产生变化；优点是刀具切削运动的路线最短。

（2）采用图 4 − 22b 所示的相似斜线切削路线时，也需计算粗车时终点坐标。采用这种加工路线时，刀具切削运动的路线相对较短。

（3）采用图 4 − 22c 所示的斜线加工路线时，只需确定每次的背吃刀量 a_p，而不需计算终点坐标，编程方便。但在每次切削中背吃刀量是变化的，且刀具切削运动的路线较长。

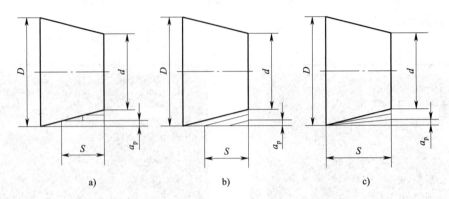

图 4-22　圆锥加工路线

2. 常用圆锥加工指令

FANUC 0i 系统有关的切削指令见表 4-11。

表 4-11　　　　　　　　　FANUC 0i 系统有关的切削指令

指令名称	应用格式
直线插补（G01）	G01 X __ Z __ F __;
外圆单一形状固定循环（G90）	G90 X __ Z __ R __ F __;
端面单一形状固定循环（G94）	G94 X __ Z __ K __ F __;

在数控加工中，刀具（严格说是刀位点）相对于工件的运动轨迹和方向称为加工路线。即刀具从对刀点开始运动起，直至结束加工程序所经过的路径，包括切削加工的路径及刀具引入、返回等非切削空行程。加工路线的确定首先必须保证被加工零件的尺寸精度和表面质量，其次考虑数值计算简单、走刀路线尽量短、生产效率较高等。

（1）直线插补指令（G01）

G01 X（U）__ Z（W）__ F __;

圆锥工件可以通过基本的 G01 代码来实现加工。但在加工中一定要注意刀具的半径补偿，否则将会加工出错误的路径。如图 4-23 所示的工件中便有一段 40 mm 长的圆锥面，用直线插补指令 G01 来完成加工，车削圆锥面的加工路线如图 4-23 所示。试用 G01 指令编写图示圆锥面的数控加工程序，加工程序见表 4-12。

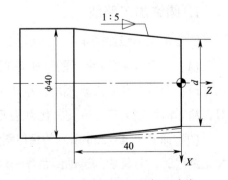

图 4-23　车削圆锥面的加工路线

表 4 - 12

加工程序

程序	说明
O0001 ;	
N10 M03 T0101 S500 G99 ;	主轴正转，转速为 500 r/mm，选择 1 号刀并调用 1 号刀补
N20 G42 G00 X41.0 Z1.0 ;	快速进刀至起刀点
N30 G01 X35.0 Z0 F0.2 ;	进刀至切入点，进给量为 0.2 mm/r
N40 X40.0 Z-40.0 ;	第一层粗车
N50 G00 X41.0 Z1.0 ;	退回起刀点
N60 G01 X32.5 Z0 F0.2 ;	进刀至切入点，X 向留双边 0.5 mm 的精加工余量
N70 X40.0 Z-40.0 ;	第二层粗车
N80 G00 X41.0 Z1.0 ;	退回起刀点
N90 S1000 ;	主轴变速
N100 G01 X32.0 Z0 F0.1 ;	进刀至精加工切入点，进给量为 0.1 mm/r
N110 X40.0 Z-40.0 ;	精车
N120 X45.0 ;	退刀
N130 G40 G00 X100.0 Z100.0 ;	退刀
N140 M05 ;	主轴停止
N150 M30 ;	程序结束并复位

（2）外圆循环加工锥面（G90）

1）指令书写格式。G90 X（U）__ Z（W）__ R __ F __；

X __、Z __——绝对值编程时，圆锥面切削终点坐标值；

U __、W __——增量值编程时，圆锥面切削终点相对于循环起点的有向距离；

R __——切削始点与圆锥面切削终点的半径差；

F __——合成进给速度。

锥面切削循环如图 4 - 24 所示，按 1、2、3、4 的顺序进行加工。

2）指令说明。进行编程时，应注意 R 值的符号，确定的方法是：锥面起点坐标大于终点坐标时为正，反之为负，圆锥面的方向如图 4 - 25 所示。

如图 4 - 26 所示，用循环方式编制一个粗车圆锥面的加工程序，加工程序见表 4 - 13。

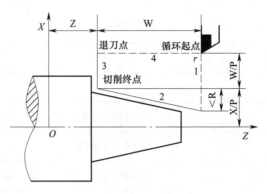

图 4 - 24　锥面切削循环

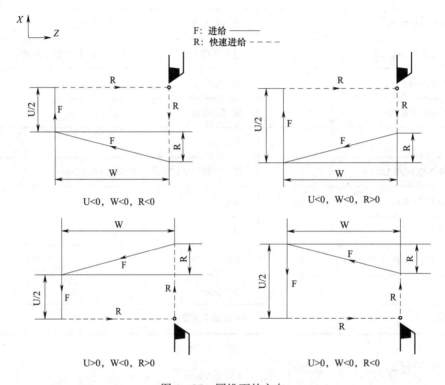

图 4 - 25　圆锥面的方向

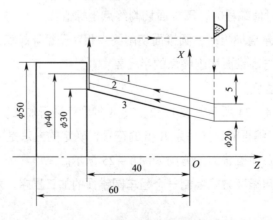

图 4 - 26　圆锥面切削循环加工实例

表 4 - 13   圆锥面切削循环加工程序

程序	说明
O0001;	
N10 M03 T0101 S600 G99;	主轴正转，转速为 600 r/min，调用 1 号刀及 1 号刀补
N20 G42 G00 X60.0 Z2.0;	快速达到循环起点
N30 G90 X40.0 Z - 40.0 R - 5.0 F0.3;	圆锥面循环第一次
N40 X35.0;	圆锥面循环第二次
N50 X30.0;	圆锥面循环第三次
N60 G40 G00 X100.0 Z 100.0;	快速返回起刀点
N70 M05;	主轴停止
N80 M30;	程序结束并复位

3）完成加工后的锥面零件实物图如图 4 - 27 所示。

（3）端面循环加工锥面（G94）

1）指令书写格式。G94 X（U）__ Z（W）__ K __ F __；

X __、Z __——绝对值编程时，圆锥面切削终点坐标值；

U __、W __——增量值编程时，圆锥面切削终点相对于循环起点的有向距离；

K __——端面切削始点至终点位移在 Z 方向的坐标增量；

F __——合成进给速度。

带锥度的端面切削循环如图 4 - 28 所示，按 1、2、3、4 的顺序进行加工。

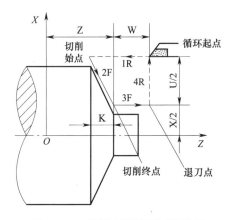

图 4 - 27   锥面零件实物图   图 4 - 28   带锥度的端面切削循环

2）指令说明。进行编程时，应注意 K 值的符号，确定的方法是：锥面起点坐标大于终点坐标时为正，反之为负，圆锥面的方向如图 4 - 29 所示。

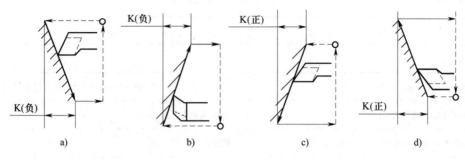

图 4-29 圆锥面的方向

如图 4-30 所示，用端面切削循环方式编制一个图示零件的加工程序（毛坯直径为 50 mm），加工程序见表 4-14。

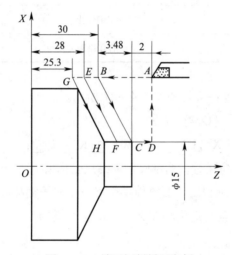

图 4-30 端面切削循环实例

表 4-14　　　　　　　　　　　　　　　端面切削循环加工程序

程序	说明
O0001；	
N10 M03 T0101 S600 G99；	主轴正转，转速为 600 r/min，调用 1 号刀及 1 号刀补
N20 G42 G00 X55.0 Z35.48；	快速达到循环起点
N30 G94 X15.0 Z33.48 K-3.48 F0.3；	圆锥面循环第一次
N40 Z31.48；	圆锥面循环第二次
N50 Z28.78；	圆锥面循环第三次
N60 G40 G00 X100.0 Z100.0；	快速返回起刀点
N70 M05；	主轴停止
N80 M30；	程序结束并复位

3）完成加工后的锥度端面零件实物图如图 4 – 31 所示。

三、锥面零件加工

如图 4 – 32 所示为带外圆锥面的零件图，编制该零件的加工程序并进行加工。材料可沿用上节课练习用料（或采用 $\phi 45$ mm × 150 mm 的棒料），材料为 45 钢。

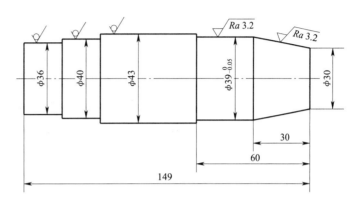

图 4 – 31　锥度端面零件实物图　　　　　图 4 – 32　带外圆锥面的零件图

1. 加工工艺分析

（1）编程原点的确定

以工件右端面与轴线的交点为编程原点。

（2）制定加工路线

先车端面→粗车 $\phi 39_{-0.05}^{\ 0}$ mm 的外圆→粗车零件右端外圆锥面→精车零件右端外圆锥面，控制长度 30 mm→精车 $\phi 39_{-0.05}^{\ 0}$ mm 的外圆并控制长度 60 mm。

2. 工件的装夹

采用三爪自定心卡盘装夹工件，如图 4 – 33 所示。

3. 填写工艺卡片

（1）确定加工工艺，填写数控加工工艺卡，见表 4 – 15。

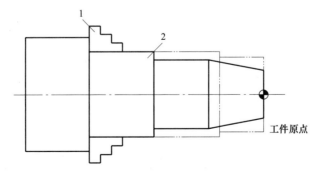

图 4 – 33　工件的装夹

1—三爪自定心卡盘　2—工件

表 4 – 15 数控加工工艺卡

工序	名称	工艺要求			操作者	备注
1	下料	ϕ45 mm×150 mm				
2	数控车	工步	工步内容	刀具号		
		1	车端面	T01		
		2	粗车 $\phi 39_{-0.05}^{0}$ mm 的外圆	T02		
		3	粗车外圆锥面	T02		
		4	精车外圆锥面	T02		
		5	精车 $\phi 39_{-0.05}^{0}$ mm 的外圆	T02		
3	检验					

（2）切削用量及刀具选择见表 4 – 16。

表 4 – 16 切削用量及刀具选择

刀具号	刀具规格及名称	数量	加工内容	主轴转速/（r/min）	进给速度/（mm/r）	备注
T01	45°外圆车刀	1	车端面	500	0.2	
T02	90°外圆车刀	1	车工件外轮廓	600	0.3、0.1	

4. 编写加工程序

零件加工程序见表 4 – 17。

表 4 – 17 零件加工程序

程序	说明
O0001;	
N10 M03 T0101 S500 G99;	以 500 r/min 启动主轴正转，选择 1 号刀及 1 号刀补
N20 G00 X50.0 Z2.0;	快速移到起刀点
N30 G01 Z0 F0.3;	进刀
N40 X0 F0.2;	加工端面
N50 Z2.0;	退刀
N60 G00 X100.0 Z100.0;	退刀
N70 T0202 S600;	换 2 号刀加工外圆
N80 G00 X50.0 Z2.0;	快速移到起刀点
N90 X42.0;	进刀
N100 G01 Z – 60.0 F0.3;	粗加工 $\phi 39_{-0.05}^{0}$ mm 的外圆
N110 X50.0;	退刀
N120 G00 Z2.0;	快速退刀
N130 G01 X39.5 F0.3;	进刀

续表

程序	说明
N140 Z - 60. 0；	粗加工 $\phi39^{\ 0}_{-0.05}$ mm 的外圆
N150 X50. 0；	退刀
N160 G00 Z5. 0；	退刀
N170 G42 G01 X36. 0 Z0 F0. 3；	调用刀尖圆弧半径右补偿，粗加工圆锥面第一刀
N180 X40. 0 Z - 15. 0；	
N190 X45. 0；	
N200 G00 Z5. 0；	
N210 G01 X31. 0 Z0 F0. 3；	
N220 X40. 0 Z - 30. 0；	粗加工圆锥面第二刀
N230 X45. 0；	
N240 G00 Z5. 0；	
N250 G01 X30. 0 Z0 F0. 3；	移到精加工起刀点
N260 X39. 0 Z - 30. 0 F0. 1；	精车圆锥面
N270 Z - 60. 0；	精车 $\phi39^{\ 0}_{-0.05}$ mm 的外圆
N280 X50. 0；	退刀
N290 G40 G00 X100. 0 Z100. 0；	取消刀尖圆弧半径右补偿并退刀
N300 M05；	主轴停止
N310 M30；	程序结束并复位

提示

1. 在编制加工程序时要注意锥度尺寸坐标的计算。
2. 在装夹刀具时，必须使刀尖与主轴轴线严格等高，以免使圆锥母线产生双曲线误差。

四、圆锥面加工质量分析

圆锥面加工常见问题的产生原因和解决方法见表 4 – 18。

表 4 – 18　　　　　　　　　　圆锥面加工常见问题的产生原因和解决方法

现象	产生原因	解决方法
锥度不符合要求或产生双曲线误差	1. 程序错误 2. 工件装夹不正确 3. 车刀刀尖过高或过低	1. 检查、修改加工程序 2. 检查工件装夹情况，提高装夹刚度 3. 调整车刀刀尖，使其与工件轴线等高

续表

现象	产生原因	解决方法
切削过程出现振动	1. 工件装夹不正确 2. 刀具安装不正确 3. 切削参数不正确	1. 正确装夹工件 2. 正确安装刀具 3. 编程时合理选择切削参数
锥面径向尺寸不符合要求 1—超差线　2—合格线	1. 程序错误 2. 刀具磨损 3. 未考虑刀尖圆弧半径补偿	1. 检查、修改加工程序 2. 及时更换磨损大的刀具 3. 考虑刀具补偿
切削过程出现干涉现象	工件斜度大于刀具副偏角	1. 正确选择刀具 2. 改变切削方式

第三节　圆弧面加工

数控机床的应用特点之一就是能完成圆弧及复杂型面的加工，它能实现多个坐标轴的联动。为了完成圆弧面的加工，必须掌握下面几个基本加工指令代码。

一、圆弧插补指令（G02 和 G03）

圆弧插补指令是模态代码，其中顺时针圆弧插补用 G02 指定，逆时针圆弧插补用 G03 指定。同时，规定刀具在两坐标轴间以插补联动方式按指定的 F 进给速度做圆弧运动。

1. 指令书写格式

$$\left.\begin{matrix} \text{G02} \\ \text{G03} \end{matrix}\right\} \text{X（U）}\underline{\quad}\text{Z（W）}\underline{\quad}\left\{\begin{matrix} \text{I}\underline{\quad}\text{K}\underline{\quad} \\ \text{R}\underline{\quad} \end{matrix}\right\}\text{F}\underline{\quad};$$

2. 指令说明

G02 和 G03 指令刀具按顺时针或逆时针进行圆弧加工。圆弧插补指令 G02 和 G03 顺、逆方向的判断符合直角坐标系的右手定则，即在加工平面内根据其插补时的旋转方向为顺时针或逆时针来区分。从（XOZ）平面的垂直坐标轴的正方向（$+Y$）往负方向看去，顺时针方向为 G02，逆时针方向为 G03，如图 4 - 34 所示为 G02 和 G03 插补方向。

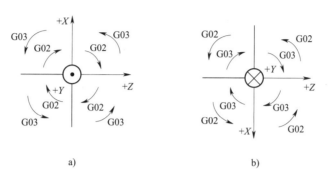

图 4 - 34　G02 和 G03 插补方向

a）后置刀架　b）前置刀架

（1）指定圆心的圆弧插补

指定圆心的圆弧插补如图 4 - 35 所示，其指令书写格式如下：

$\left.\begin{array}{c} \text{G02} \\ \text{G03} \end{array}\right\}$ X（U）__ Z（W）__ I __ K __ F __;

X __、Z __——绝对值编程时，圆弧终点坐标；

U __、W __——增量值编程时，圆弧终点相对于圆弧起点的距离；

I __、K __——圆心相对于圆弧起点的增加量（等于圆心的坐标减去圆弧起点的坐标，见图 4 - 35），在绝对值、增量值编程时都是以增量方式指定的，在直径、半径编程时 I __都是半径值；

F __——两轴合成进给速度。

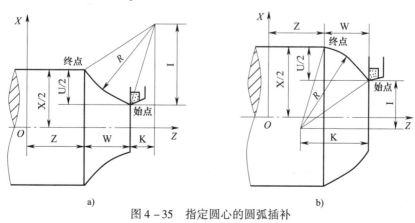

图 4 - 35　指定圆心的圆弧插补

a）G02　b）G03

提示

　　1. I＿和 K＿的数值是从圆弧始点向圆弧中心看的矢量，用增量值指定。

　　2. I＿和 K＿会因始点相对于圆心的方位不同而带有正、负号，如图 4 – 35a 所示的 I＿和 K＿均为正值；如图 4 – 35b 所示的 I＿和 K＿均为负值。

　　（2）指定半径的圆弧插补

　　指令书写格式如下：

$$\left.\begin{matrix} G02 \\ G03 \end{matrix}\right\} \ X\ (U)\ \underline{\quad}\ Z\ (W)\ \underline{\quad}\ R\ \underline{\quad}\ F\ \underline{\quad};$$

　　X＿、Z＿——绝对值编程时，圆弧终点坐标；

　　U＿、W＿——增量值编程时，圆弧终点相对于圆弧起点的距离；

　　R＿——圆弧半径；

　　F＿——两轴合成进给速度。

提示

　　1. 顺时针或逆时针是指从垂直于圆弧所在平面坐标轴的正方向往负方向看到的回转方向。

　　2. 程序中同时编入 R＿与 I＿、K＿时，R＿有效。

　　（3）编程实例

　　圆弧插补指令的应用如图 4 – 36 所示。如图 4 – 36a 和图 4 – 36b 所示，刀尖从圆弧起点 *A* 移动至终点 *B*，写出圆弧插补的程序段。顺时针圆弧插补加工程序见表 4 – 19，逆时针圆弧插补加工程序见表 4 – 20。

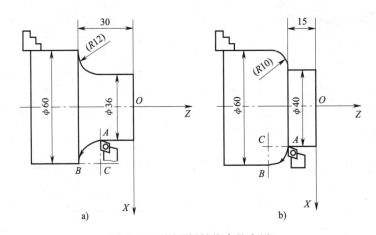

图 4 – 36　圆弧插补指令的应用

a）顺时针圆弧插补　b）逆时针圆弧插补

表 4 – 19　　　　　　　　　　　　　　顺时针圆弧插补加工程序

	指定圆心 I ＿和 K ＿	指定半径 R ＿
绝对方式	G02 X60. 0 Z – 30. 0 I12. 0 F0. 15；	G02 X60. 0 Z – 30. 0 R12. 0 F0. 15；
增量方式	G02 U24. 0 W – 12. 0 I12. 0 F0. 15；	G02 U24. 0 W – 12. 0 R12. 0 F0. 15；

表 4 – 20　　　　　　　　　　　　　　逆时针圆弧插补加工程序

	指定圆心 I ＿和 K ＿	指定半径 R ＿
绝对方式	G03 X60. 0 Z – 25. 0 K – 10. 0 F0. 15；	G03 X60. 0 Z – 25. 0 R10. 0 F0. 15；
增量方式	G03 U20. 0 W – 10. 0 K – 10. 0 F0. 15；	G03 U20. 0 W – 10. 0 R10. 0 F0. 15；

3. 圆心坐标的确定

圆心坐标 I 值和 K 值为圆弧起点到圆弧圆心的矢量在 X 轴和 Z 轴方向上的投影，如图 4 – 37 所示。I 值和 K 值为增量值，带有正负号，且 I 值为半径值。I 值和 K 值的正负取决于该矢量方向与坐标轴方向的异同，相同者为正，相反者为负。若已知圆心坐标和圆弧起点坐标，则 $I = X_{圆心} – X_{起点}$（半径差）；$K = Z_{圆心} – Z_{起点}$。如图 4 – 37 所示，I 值为 – 20，K 值为 – 20。

4. 圆弧半径的确定

圆弧半径 R 有正值与负值之分。当圆弧所对的圆心角小于或等于 180°时（如圆弧 1），R 取正值；当圆弧所对的圆心角大于 180°并小于 360°时（如圆弧 2），R 取负值，如图 4 – 38 所示为圆弧半径 R 正负的确定。通常情况下，在数控车床上所加工的圆弧的圆心角小于 180°。

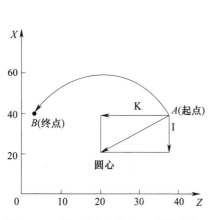

图 4 – 37　圆心坐标 I 值和 K 值的确定

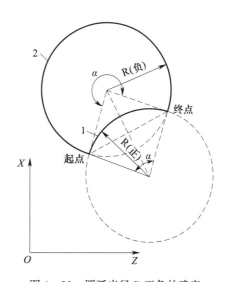

图 4 – 38　圆弧半径 R 正负的确定

> **提示**
>
> 1. 当 I 值或 K 值为 0 时，可以省略其相应的指令字符；但指令地址 I、K 或 R 至少必须输入一个，否则系统产生报警。
>
> 2. I、K 和 R 同时输入时，R 有效，I 和 K 无效。
>
> 3. R 值必须大于或等于起点到终点距离的一半，如果终点不在用 R 指令定义的圆弧上，系统会产生报警。
>
> 4. 地址 X（U）和 Z（W）可省略一个或全部；当省略一个时，表示省略的该轴的起点和终点一致；同时省略表示终点和起点是同一位置。若用 I 和 K 指令圆心时，执行 G02 和 G03 指令的轨迹为整圆（360°）；用 R 指定时，表示 0°的圆。
>
> 5. 建议使用 R 编程。当使用 I 和 K 编程时，为了保证圆弧运动的起点和终点与指定值一致，系统按半径 $R = \sqrt{I^2 + K^2}$ 运动。
>
> 6. 使用 I 值和 K 值进行编程时，若圆心到圆弧终点的距离不等于 R（$R = \sqrt{I^2 + K^2}$），系统会自动调整圆心位置，保证圆弧运动的起点和终点与指定值一致，如果圆弧的起点与终点间距离大于 2R，系统报警。

5. 编程实例

车削如图 4 – 39 所示的球头手柄，试写出刀尖从工件原点 O 出发，车削凸、凹球面的程序段。

（1）任务分析

如图 4 – 39 所示，计算圆弧起点、终点坐标。两圆弧相切于 A 点，在直角三角形 AEF 中，因为 AF = 28，EF = 22，所以 $AE = \sqrt{AF^2 - EF^2} = 17.32$，则 A 点的 Z 坐标 $Z_A = -(28 + 17.32) = -45.32$。圆弧起点、终点坐标分别为：O（0，0）、A（44，-45.32）、B（44，-75）。

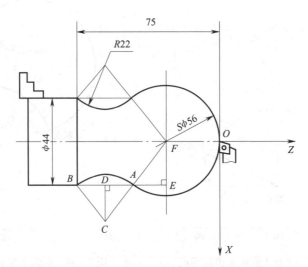

图 4 – 39　球头手柄

（2）程序编制

球面的加工程序见表 4 - 21。

表 4 - 21　　　　　　　　　　　　　球面的加工程序

绝对方式	G03 X44. 0 Z - 45. 32 R28. 0 F50；	$O{\to}A$
	G02 X44. 0 Z - 75. 0 R22. 0 F50；	$A{\to}B$
增量方式	G03 U44. 0 W - 45. 32 R28. 0 F50；	$O{\to}A$
	G02 U0 W - 29. 68 R22. 0 F50；	$A{\to}B$

（3）完成加工后的零件实物图如图 4 - 40 所示。

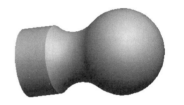

图 4 - 40　零件实物图

二、圆弧面工艺路线

1. 车削圆弧的加工路线

（1）车锥法

车锥法是指根据加工余量，采用圆锥分层切削的办法将加工余量去除，再进行圆弧的精加工，如图 4 - 41a 所示。采用这种加工路线时，加工效率高，但计算麻烦。

（2）移圆法

移圆法是指根据加工余量，采用相同的圆弧半径，渐进地向机床的某一轴方向移动，最终将圆弧加工出来，如图 4 - 41b 所示。采用这种加工路线时，编程简单，但处理不当会导致较多的空行程。

（3）车圆法

车圆法是指在圆心不变的基础上，根据加工余量，采用大小不等的圆弧半径，最终将圆弧加工出来，如图 4 - 41c 所示。

（4）台阶车削法

台阶车削法是指先根据圆弧面加工出多个台阶，再车削圆弧轮廓，如图 4 - 41d 所示。这种加工方法在复合固定循环中被广泛应用。

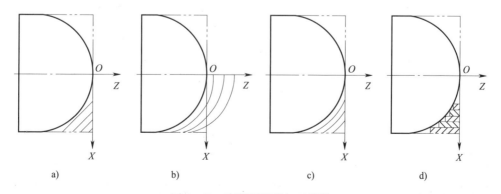

图 4 - 41　车削圆弧的加工路线

a）车锥法　b）移圆法　c）车圆法　d）台阶车削法

2. 编程实例

（1）用车锥法加工圆弧

如图 4 – 42 所示为用车锥法加工圆弧，先粗车掉以 *AB* 为母线的圆锥面外的余量，再利用圆弧插补粗车右半球。

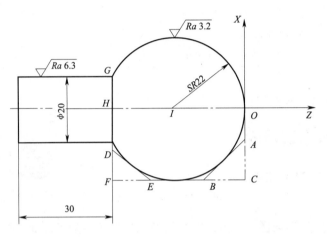

图 4 – 42　用车锥法加工圆弧

1）相关计算。确定 *A* 和 *B* 两点坐标，经平面几何的推算，得出一简单公式：

$$CA = CB = \frac{R}{2}, \quad 即 \ CA = CB = \frac{22 \ \text{mm}}{2} = 11 \ \text{mm}$$

所以 *A* 点坐标为（22，0），*B* 点坐标为（44，–11）。

2）编制程序。用车锥法车掉以 *AB* 为母线的圆锥面外的余量，零件加工程序见表 4 – 22。

表 4 – 22　　　　　　　　　　　　　　零件加工程序

程序	说明
O0001；	
…	
N50 G42 G01 X46.0 Z0 F0.3；	车刀右补偿
N60 U – 4.0；	进刀，准备车第一刀
N70 X44.0 Z – 11.0；	车第一刀锥面
N80 G00 Z0；	退刀
N90 G01 U – 8.0 F0.3；	进刀，准备车第二刀
N100 X44.0 Z – 11.0；	车第二刀锥面
N110 G00 Z0；	退刀
N120 G01 U – 12.0 F0.3；	进刀，准备车第三刀
N130 X44.0 Z – 11.0；	车第三刀锥面
N140 G00 Z0；	退刀
N150 G01 U – 16.0 F0.3；	进刀，准备车第四刀
N160 X44.0 Z – 11.0；	车第四刀锥面

续表

程序	说明
N170 G00 Z0;	退刀
N180 G01 U - 20.0 F0.3;	进刀，准备车第五刀
N190 X44.0 Z - 11.0;	车第五刀锥面
N200 G00 Z0;	退刀
N210 G01 U - 24.0 F0.3;	进刀，准备车第六刀
N220 X44.0 Z - 11.0;	车第六刀锥面
N230 G00 Z0;	退刀
N240 G01 X0 F0.3;	进刀
N250 G03 X44.0 Z - 22.0 R22.0 F0.2;	圆弧插补右半球
N260 G00 X100.0;	退刀
N270 G40 G00 Z50.0;	退刀
…	

用同样的方法车掉以 *DE* 为母线的圆锥面外的余量，再利用圆弧插补车削左半球，留给读者自己做练习，要注意所用车刀的角度。

（2）用车圆法加工圆弧

用车圆法加工圆弧时，圆心不变，圆弧插补半径依次减小（车凹形圆弧时圆弧插补半径依次增大）一个背吃刀量，直到达到尺寸要求为止，如图 4 - 43 所示。

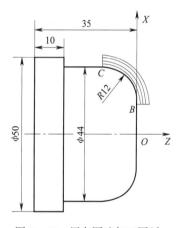

1）相关计算。圆弧 *BC* 的起点坐标为（X20.0，Z0），终点坐标为（X44.0，Z - 12.0），半径为 12；以此类推，可知同心圆的起点、终点及半径分别为：

（X20.0，Z2），（X48.0，Z - 12.0），R14；

（X20.0，Z4），（X52.0，Z - 12.0），R16；

（X20.0，Z6），（X56.0，Z - 12.0），R18；

（X20.0，Z8），（X60.0，Z - 12.0），R20。

2）编制程序。零件加工程序见表 4 - 23。

图 4 - 43 用车圆法加工圆弧

表 4 - 23 零件加工程序

程序	说明
O0002;	
…	
N130 G42 G01 X20.0 Z8.0 F0.2;	
N140 G03 X60.0 Z - 12.0 R20.0 F0.1;	圆弧插补第一刀
N150 G00 Z6.0;	退刀
N160 X20.0;	进刀，准备车第二刀

程序	说明
N170 G03 X56.0 Z−12.0 R18.0 F0.1;	圆弧插补第二刀
N180 G00 Z4.0;	退刀
N190 X20.0;	进刀，准备车第三刀
N200 G03 X52.0 Z−12.0 R16.0 F0.1;	圆弧插补第三刀
N210 G00 Z2.0;	退刀
N220 X20.0;	进刀，准备车第四刀
N230 G03 X48.0 Z−12.0 R14.0 F0.1;	圆弧插补第四刀
N240 G00 Z0;	退刀
N250 X20.0;	进刀，准备车第五刀
N260 G03 X44.0 Z−12.0 R12.0 F0.1;	圆弧插补至尺寸要求
N270 G01 Z−25.0 F0.2;	
…	

这种插补方法适用于起点、终点正好为四分之一圆弧或半圆弧，每车一刀，X 轴、Z 轴方向分别改变一个背吃刀量。车削一般圆弧时，使用移圆法较好。

（3）用移圆法加工圆弧

用移圆法加工圆弧时，圆心依次偏移一个背吃刀量，直至达到尺寸要求为止，如图 4 − 44 所示。

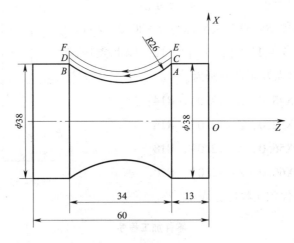

图 4 − 44　用移圆法加工圆弧

1）相关计算。由图可知：

A 点坐标为（X38.0，Z−13.0），B 点坐标为（X38.0，Z−47.0）；

C 点坐标为（X42.0，Z−13.0），D 点坐标为（X42.0，Z−47.0）；

E 点坐标为（X46.0，Z−13.0），F 点坐标为（X46.0，Z−47.0）。

2）编制程序。零件加工程序见表 4 − 24。

表 4 – 24　　　　　　　　　　　　　零件加工程序

程序	说明
O3004；	
…	
N90 G42 G00 Z – 13.0；	
N100 G01 X46.0 F0.3；	进刀
N110 G02 X46.0 Z – 47.0 R26.0 F0.2；	圆弧插补第一刀
N120 G01 Z – 13.0 F0.2；	退刀
N130 G01 X42.0；	圆心沿 X 方向偏移一个背吃刀量
N140 G02 X42.0 Z – 47.0 R26.0 F0.2；	圆弧插补第二刀
N150 G01 Z – 13.0 F0.2；	退刀
N160 G01 X38.0 F0.3；	圆心沿 X 方向偏移一个背吃刀量
N170 G02 X38.0 Z – 47.0 R26.0 F0.2；	圆弧插补第三刀，至尺寸要求
…	

在这种圆弧插补方法中，Z 向坐标、圆弧半径 R 不需改变，每车一刀，沿 X 向改变一个背吃刀量即可。

三、圆弧面零件加工

编制如图 4 – 45 所示带圆弧的零件的加工程序并进行加工。材料可沿用上节课练习用料（或采用 $\phi45$ mm × 150 mm 的棒料），材料为 45 钢。

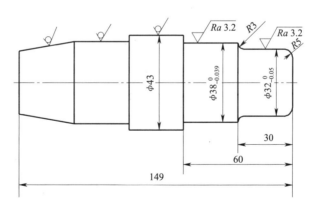

图 4 – 45　带圆弧的零件

1. 加工工艺分析

（1）编程原点的确定

将编程原点设在工件右端面与轴线的交点处。

（2）制定加工路线

先车端面→粗车 $\phi38_{-0.039}^{\;\;\;0}$ mm 和 $\phi32_{-0.05}^{\;\;\;0}$ mm 的外圆→粗车零件右端 R5 mm 的圆弧→精

车零件右端 $R5$ mm 的圆弧→精车 $\phi32_{-0.05}^{0}$ mm 的外圆至尺寸→精车 $R3$ mm 的过渡圆弧→精车 $\phi38_{-0.039}^{0}$ mm 的外圆至尺寸。

2. 工件的装夹

采用三爪自定心卡盘装夹工件，如图 4-46 所示。

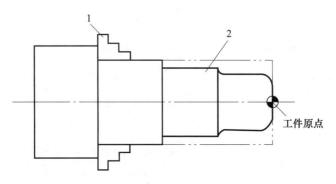

图 4-46　工件的装夹

1—三爪自定心卡盘　2—工件

3. 填写工艺卡片

（1）确定加工工艺，填写数控加工工艺卡，见表 4-25。

表 4-25　　　　　　　　　数控加工工艺卡

工序	名称	工艺要求		操作者	备注
1	下料	$\phi45$ mm × 150 mm			
2	数控车	工步	工步内容	刀具号	
		1	车端面	T01	
		2	粗车 $\phi38_{-0.039}^{0}$ mm 的外圆	T02	
		3	粗车 $\phi32_{-0.05}^{0}$ mm 的外圆	T02	
		4	粗车 $R5$ mm 的圆弧	T02	
		5	精车 $R5$ mm 的圆弧	T02	
		6	精车 $\phi32_{-0.05}^{0}$ mm 的外圆	T02	
		7	精车 $R3$ mm 的圆弧	T02	
		8	精车 $\phi38_{-0.039}^{0}$ mm 的外圆	T02	
3	检验				

（2）切削用量及刀具选择见表 4-26。

表 4-26　　　　　　　　　切削用量及刀具选择

刀具号	刀具规格及名称	数量	加工内容	主轴转速/（r/min）	进给速度/（mm/r）	备注
T01	45°外圆车刀	1	车端面	500	0.2	
T02	90°外圆车刀	1	车工件外轮廓	600	0.3、0.1	

4. 编写加工程序

零件加工程序见表 4 - 27。

表 4 - 27 零件加工程序

程序	说明
O0001;	
N10 M03 T0101 S500 G99;	以 500 r/min 的转速启动主轴正转，选择 1 号刀及 1 号刀补
N20 G00 X50.0 Z2.0;	快速移到起刀点
N30 G01 Z0 F0.2;	进刀
N40 G01 X0;	加工端面
N50 Z2.0;	退刀
N60 G00 X100.0 Z100.0;	退刀
N70 T0202 S600;	换 2 号刀加工外圆
N80 G42 G00 X50.0 Z2.0;	快速移到起刀点并调用刀尖圆弧半径右补偿
N90 G00 X42.0;	进刀
N100 G01 Z - 60.0 F0.3;	粗加工 $\phi 38_{-0.039}^{0}$ mm 的外圆
N110 X48.0;	退刀
N120 G00 Z2.0;	快速退刀
N130 G01 X38.5 F0.3;	进刀
N140 Z - 60.0;	粗加工 $\phi 38_{-0.039}^{0}$ mm 的外圆
N150 X48.0;	退刀
N160 G00 Z5.0;	快速退刀
N170 X36.0;	进刀
N180 G01 Z - 28.0 F0.3;	粗加工 $\phi 32_{-0.05}^{0}$ mm 的外圆
N190 X40.0;	退刀
N200 G00 Z5.0;	快速退刀
N210 X32.5;	进刀
N220 G01 Z - 27.0 F0.3;	粗加工 $\phi 32_{-0.05}^{0}$ mm 的外圆
N230 X40.0;	退刀
N240 G00 Z5.0;	快速退刀
N250 G01 X26.0 Z0 F0.3;	进刀
N260 G03 X33.0 Z - 3.0 R5.0 F0.3;	粗加工 $R5$ mm 的圆弧
N270 X35.0;	退刀
N280 G00 Z2.0;	快速退刀

程序	说明
N290 G01 X22.0 Z0 F0.1；	进刀
N300 G03 X32.0 Z-5.0 R5.0 F0.1；	精加工 $R5$ mm 的圆弧
N310 G01 Z-27.0；	精加工 $\phi32_{-0.05}^{0}$ mm 的外圆
N320 G02 X38.0 Z-30.0 R3.0；	精加工 $R3$ mm 的圆弧
N330 G01 Z-60.0；	精加工 $\phi38_{-0.039}^{0}$ mm 的外圆
N340 X50.0；	退刀
N350 G00 X100.0；	退刀
N360 G40 G00 Z100.0；	退刀并取消刀尖半径补偿
N370 M05；	主轴停止
N380 M30；	程序结束并复位

四、圆弧加工质量分析

圆弧加工常见问题的产生原因和解决方法见表 4－28。

表 4－28　　　　　　　　圆弧加工常见问题的产生原因和解决方法

现象	产生原因	解决方法
切削过程出现干涉现象 	1. 刀具参数不正确 2. 刀具安装不正确	1. 正确编制程序 2. 正确安装刀具
圆弧凹凸方向不对 	程序不正确	正确编制程序
圆弧尺寸不符合要求 	1. 程序不正确 2. 刀具磨损 3. 刀尖圆弧半径没有补偿	1. 正确编制程序 2. 及时更换刀具 3. 考虑刀尖圆弧半径补偿

续表

现象	产生原因	解决方法
表面粗糙度达不到要求 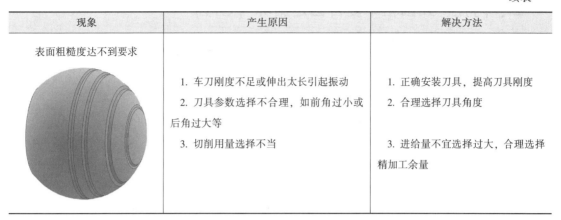	1. 车刀刚度不足或伸出太长引起振动 2. 刀具参数选择不合理，如前角过小或后角过大等 3. 切削用量选择不当	1. 正确安装刀具，提高刀具刚度 2. 合理选择刀具角度 3. 进给量不宜选择过大，合理选择精加工余量

第四节　复合形状固定循环加工

G70 ~ G76 是 CNC 车床复合形状多重循环指令，该指令应用于经多次走刀才能完成加工的场合，与单一形状固定循环指令一样，它可以用于必须重复多次加工才能加工到规定尺寸的典型工序，主要用于铸件、锻件的粗车和用棒料车台阶较大的轴等情况。利用复合形状固定循环功能编程时，只要编写出最终走刀路线，给出每次切除余量或循环次数，机床即可自动决定粗加工时的刀具路径，完成重复切削，直至加工完毕。在这一组复合形状多重循环指令中，G70 是 G71、G72、G73 等粗加工指令后的精加工指令，下面首先学习其中几个指令。

一、精车循环加工指令（G70）

当用 G71、G72 和 G73 指令粗车工件后，用 G70 指令指定精车循环，切除精加工余量。

1. 指令书写格式

G70 P（ns）Q（nf）；

ns——精加工循环中的第一个程序号；

nf——精加工循环中的最后一个程序号。

2. 指令说明

（1）在精车循环 G70 状态下，（ns）至（nf）程序段中指定的 F、S、T 有效；如果（ns）至（nf）程序段中不指定 F、S、T 时，粗车循环中指定的 F、S、T 有效。

（2）执行 G70 循环时，刀具沿工件的实际轨迹进行切削，循环结束后刀具返回循环起点。

（3）G70 指令用在 G71、G72 和 G73 指令的程序内容之后，不能单独使用。

提示

在使用 G70 精车循环时，要特别注意快速退刀路线，防止刀具与工件发生干涉现象。

二、内孔、外圆粗车复合固定循环（G71）

内孔、外圆粗车循环指令 G71 适用于切除棒料毛坯的大部分加工余量。

1. 指令书写格式

G71 U（Δd）R（e）；

G71 P（ns）Q（nf）U（Δu）W（Δw）F ＿ S ＿ T ＿；

N ns ···；

···；   （用以描述精加工轨迹）

N nf ···；

Δd——X 轴方向背吃刀量（半径量指定），不带符号，且为模态值；

e——退刀量，其值为模态值；

ns——精车程序第一个程序段的段号；

nf——精车程序最后一个程序段的段号；

Δu——X 轴方向精车余量的大小和方向，用直径量指定，该加工余量具有方向性，即外圆的加工余量为正，内孔的加工余量为负；

Δw——Z 轴方向精车余量的大小和方向；

F ＿、S ＿、T ＿——粗加工时 G71 指令句中指定的 F ＿、S ＿、T ＿有效，而精加工时处于 ns 到 nf 程序段之间的 F ＿、S ＿、T ＿有效。

例如：G71 U1.5 R0.5；

　　　G71 P100 Q200 U0.3 W0.05 F0.15；

2. 指令说明

G71 粗车循环的运动轨迹如图 4 - 47 所示。刀具从循环起点（C 点）开始，快速退刀至 D 点，退刀量由 Δw 和 Δu/2 确定；再快速沿 X 轴方向进刀 Δd（半径值）至 E 点；然后按 G01 进给至 G 点后，沿45°方向快速退刀至 H 点（X 轴方向退刀量由 e 值确定）；沿 Z 轴方向快速退刀至循

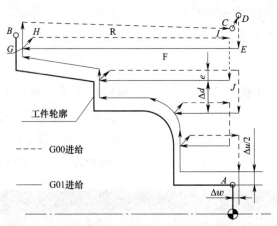

图 4 - 47　G71 粗车循环的运动轨迹

环起始的 Z 值处（*I* 点）；再次沿 *X* 轴方向进刀至 *J* 点（进刀量为 *e* + Δ*d*）进行第二次切削；如该循环至粗车完成后，再进行平行于精加工表面的半精车（这时，刀具沿精加工表面分别留出 Δ*w* 和 Δ*u* 的加工余量）；半精车完成后，快速退回循环起点，结束粗车循环所有动作。

G71 粗车循环方式的特点是：在循环切削过程中，最初的切深（Δ*d*）方向是刀具平行于 *Z* 轴切削。

G71 指令中的 F 值和 S 值是指粗加工循环中的 F 值和 S 值，该值一经指定，则在程序段段号"ns"和"nf"之间所有的 F 值和 S 值均无效。另外，该值也可以不加指定而沿用前面程序段中的 F 值，并可沿用至粗、精加工结束后的程序中。

G71 复合循环下，切削进给方向平行于 *Z* 轴，X（Δ*u*）和 Z（Δ*w*）的符号选择如图 4-48 所示。其中（+）表示沿轴的正方向移动，（-）表示沿轴的负方向移动。

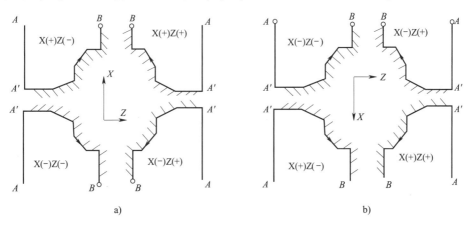

图 4-48 G71 复合循环下 X（Δ*u*）和 Z（Δ*w*）的符号选择

a）后置刀架 b）前置刀架

在 FANUC 0i 粗加工循环中，轮廓外形的加工必须采用单调递增或单调递减的形式；否则，会产生凹形轮廓不是分层切削而是在半精加工时一次性切削的情况。当加工如图 4-49 所示的凹槽 *A*→*B*→*C* 段时，阴影部分为加工余量，在粗车循环时，因其 *X* 轴方向的递增与递减形式并存，故无法进行分层切削，而在半精车时一次性进行切削。

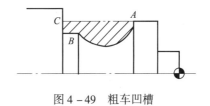

图 4-49 粗车凹槽

提示

在 FANUC 系列的 G71 循环中，顺序号为"ns"的程序段必须沿 *X* 轴方向进刀，且不能出现 *Z* 坐标字，否则会出现程序报警。

例如：

N100 G01 X30.0; （正确的"ns"程序段）

N100 G01 X30.0 Z2.0; （错误的"ns"程序段，程序段中出现了 Z 坐标字）

3. 编程实例

编制如图 4 – 50 所示零件的加工程序，用外圆粗车复合循环指令编程，其中细双点画线部分为工件毛坯。

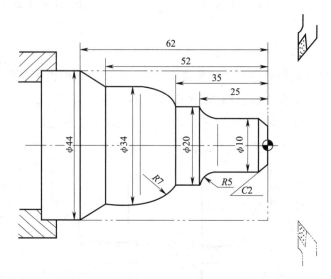

图 4 – 50　G71 外圆复合循环编程实例

4. 零件加工程序

零件加工程序见表 4 – 29。

表 4 – 29　　　　　　　　　　　　　零件加工程序

程序	说明
O0001；	
N10 M03 T0101 S800 G99；	以 800 r/min 的转速启动主轴正转，选择 1 号刀及 1 号刀补
N20 G42 G00 X50.0 Z5.0；	快速移到循环起始点
N30 G71 U2.0 R1.0；	X 轴粗加工余量为 4 mm
N40 G71 P50 Q140 U1.0 F0.3 S500；	X 轴精加工余量为 1 mm
N50 G00 X6.0；	精加工轮廓起始行
N60 G01 Z0 F0.1；	到倒角延长线
N70 G01 X10.0 Z – 2.0 F0.1；	精加工 C2 mm 的倒角
N80 Z – 20.0；	精加工 φ10 mm 的外圆
N90 G02 U10.0 W – 5.0 R5.0 F0.1；	精加工 R5 mm 的圆弧
N100 G01 W – 10.0 F0.1；	精加工 φ20 mm 的外圆
N110 G03 U14.0 W – 7.0 R7.0 F0.1；	精加工 R7 mm 的圆弧
N120 G01 Z – 52.0 F0.1；	精加工 φ34 mm 的外圆
N130 U10.0 W – 10.0；	精加工外圆锥
N140 X50.0；	退出已加工表面

续表

程序	说明
N150 G70 P50 Q140;	精加工指令
N160 G40 G00 X100.0 Z100.0;	退刀
N170 M05;	主轴停止
N180 M30;	程序结束并复位

三、端面粗车复合固定循环（G72）

1. 指令书写格式

G72 W（Δd）R（e）;

G72 P（ns）Q（nf）U（Δu）W（Δw）F __ S __ T __;

$$N \; \underline{ns} \quad \cdots;$$
$$\cdots; \quad \Big\} \text{（用以描述精加工轨迹）}$$
$$N \; \underline{nf} \quad \cdots;$$

Δd——Z 轴方向背吃刀量，不带符号，且为模态值；

e——退刀量，其值为模态值；

ns——精车程序第一个程序段的段号；

nf——精车程序最后一个程序段的段号；

Δu——X 轴方向精车余量的大小和方向，用直径量指定，该加工余量具有方向性，即
外圆的加工余量为正，内孔的加工余量为负；

Δw——Z 轴方向精车余量的大小和方向；

F __、S __、T __——粗加工时 G72 指令句中指定的 F __、S __、T __ 有效，而精加工
时处于 ns 到 nf 程序段之间的 F __、S __、T __ 有效。

例如：G72 W1.5 R0.5;

G72 P100 Q200 U0.3 W0.05 F0.15;

2. 指令说明

G72 程序段中的地址含义与 G71 相同，但它只完成端面方向的粗车，如图 4-51 所示为
从外圆方向往轴线方向的端面粗车复合固定循环。

G72 复合循环下，切削进给方向平行于 X 轴，X（Δu）和 Z（Δw）的符号选择如图 4-52
所示。其中（+）表示沿轴的正方向移动，（-）表示沿轴的负方向移动。

提示

在 FANUC 系列的 G72 循环中，顺序号"ns"程序段必须沿 Z 轴方向进刀，且不能
出现 X 坐标字，否则会出现程序报警。

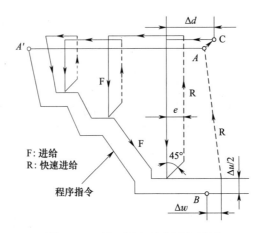

图 4 - 51　端面粗车复合固定循环

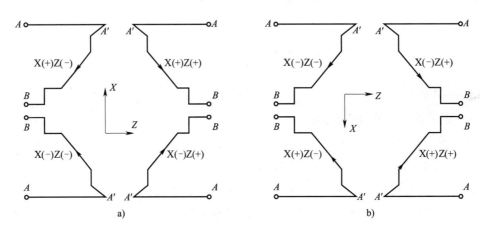

图 4 - 52　G72 复合循环下 X（Δu）和 Z（Δw）的符号选择

a）后置刀架　b）前置刀架

3. 编程实例

编制如图 4 - 53 所示零件的加工程序，用端面粗车复合循环指令编程，其中细双点画线部分为工件毛坯。

4. 零件加工程序

零件加工程序见表 4 - 30。

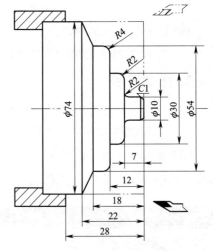

图 4 - 53　G72 端面粗车复合

循环编程实例

表 4 - 30   零件加工程序

程序	说明
O0001；	
N10 M03 T0101 S800 G99；	以 800 r/min 的转速启动主轴正转，选择 1 号刀及 1 号刀补
N20 G42 G00 X50.0 Z5.0；	快速移动到循环起刀点并调用刀具补偿
N30 G72 W2.0 R1.0；	粗车量：4 mm
N40 G72 P50 Q180 W1.0 U0.5 F0.3 S500；	精车量：长度 1 mm，直径 0.5 mm
N50 G00 Z - 22.0；	精加工轮廓起始行
N60 G01 X74.0 F0.1；	到锥面起点
N70 G01 X54.0 Z - 18.0 F0.1；	精加工锥面
N80 Z - 16.0；	精加工 $\phi54$ mm 外圆
N90 G02 X46.0 W4.0 R4.0 F0.1；	精加工 $R4$ mm 圆弧
N100 G01 X30.0 F0.1；	精加工 Z = - 12 mm 处端面
N110 Z - 9.0；	精加工 $\phi30$ mm 外圆
N120 G02 X26.0 W2.0 R2.0 F0.1；	精加工 $R2$ mm 圆弧
N130 G01 X14.0 F0.1；	精加工 Z = - 7 mm 处端面
N140 G03 X10.0 W2.0 R2.0 F0.1；	精加工 $R2$ mm 圆弧
N150 G01 Z - 1.0；	精加工 $\phi10$ mm 外圆
N160 X8.0 Z0；	精加工 $C1$ mm 倒角
N170 X0；	精加工端面
N180 Z2.0；	退刀
N190 G70 P50 Q180；	精加工指令
N200 G40 G00 X100.0 Z100.0；	退刀并取消刀具补偿
N210 M05；	主轴停止
N220 M30；	主程序结束并复位

四、仿形切削粗车固定循环（G73）

仿形切削粗车固定循环指令 G73 适用于毛坯轮廓形状与零件轮廓形状基本接近的铸件、锻件毛坯。

1. 指令书写格式

G73 U（Δi） W（Δk） R（Δd）；

G73 P（ns）Q（nf）U（Δu）W（Δw）F＿＿ S＿＿ T＿＿；

Δi——粗车时径向切除的总余量（半径值）；

Δk——粗车时轴向切除的总余量；

Δd——循环次数；

ns——精加工路径第一程序段的顺序号；

nf——精加工路径最后程序段的顺序号；

Δu——X 轴方向精加工余量；

Δw——Z 轴方向精加工余量；

F＿＿、S＿＿、T＿＿——粗加工时 G73 程序段中的 F＿＿、S＿＿、T＿＿ 有效，而精加工时处
于 ns 到 nf 程序段之间的 F＿＿、S＿＿、T＿＿有效。

例如：G73 U9.0 W1.5 R5；

G73 P100 Q200 U0.3 W0.05 F0.15；

2. 指令说明

G73 粗车循环在切削工件时的运动轨迹为如图 4–54 所示的封闭回路，每一刀的切削路
线的轨迹形状是相同的，只是位置不同，每走完一刀，就把切削轨迹向工件移动一个位置，
使封闭切削回路逐渐向零件最终形状靠近，最终切削成工件的形状。用这种指令能高效加工
铸造、锻造等粗加工中已初步成形的毛坯。

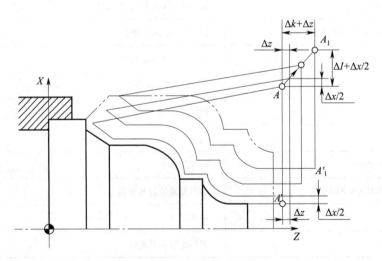

图 4–54　G73 粗车循环的运动轨迹

3. 编程实例

编制如图 4–55 所示零件的加工程序，用仿形切削粗车固定循环指令编程，其中细双点
画线部分为工件毛坯。

4. 零件加工程序

零件加工程序见表 4–31。

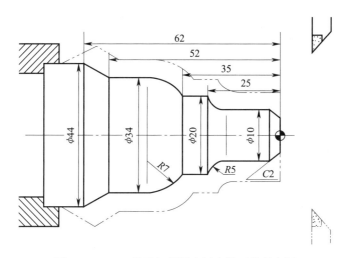

图 4 – 55　G73 仿形切削粗车固定循环编程实例

表 4 – 31　　　　　　　　　　　　零件加工程序

程序	说明
O0001；	
N10 M03 T0101 S800 G99；	以 800 r/min 的转速启动主轴正转，选择 1 号刀及 1 号刀补
N20 G42 G00 X50.0 Z5.0；	快速移到循环起始点
N30 G73 U2.0 W0.9 R2；	X 轴和 Z 轴方向粗加工余量分别为 4 mm 和 0.9 mm
N40 G73 P50 Q130 U0.5 W0.1 F0.3 S500；	X 轴和 Z 轴方向精加工余量分别为 0.5 mm 和 0.1 mm
N50 G00 X6.0 Z1.0；	精加工轮廓起始行，到倒角延长线
N60 G01 Z0 F0.1；	倒角起点
N70 X10.0 Z – 2.0；	精加工 C2 mm 的倒角
N80 Z – 20.0；	精加工 φ10 mm 的外圆
N90 G02 X20.0 W – 5.0 R5.0 F0.1；	精加工 R5 mm 的圆弧
N100 G01 Z – 35.0 F0.1；	精加工 φ20 mm 的外圆
N110 G03 X34.0 W – 7.0 R7.0 F0.1；	精加工 R7 mm 的圆弧
N120 G01 Z – 52.0 F0.1；	精加工 φ34 mm 的外圆
N130 X44.0 W – 10.0；	精加工外圆锥
N140 X50.0；	退出已加工表面
N150 G70 P50 Q130；	精加工指令
N160 G40 G00 X100.0 Z100.0；	退刀
N170 M05；	主轴停止
N180 M30；	程序结束并复位

第五节　外轮廓加工综合实例

试采用复合循环加工指令编写如图 4 – 56 所示工件的数控加工程序，并进行加工。

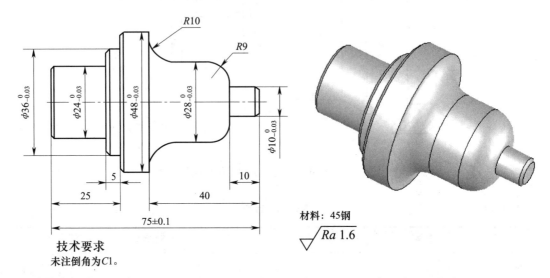

图 4 – 56　复合循环加工实例

一、确定零件的加工工艺

1. 工艺分析

分析图样要求，选择先粗后精的加工原则，确定加工路线。

（1）此零件为回转类零件，外形结构简单，无几何公差要求，但精度要求较高。

（2）该零件主要包括零件左端 $\phi24_{-0.03}^{0}$ mm 和 $\phi36_{-0.03}^{0}$ mm 的外圆以及 $\phi48_{-0.03}^{0}$ mm 的大外圆；零件右端 $\phi28_{-0.03}^{0}$ mm 和 $\phi10_{-0.03}^{0}$ mm 的外圆。

2. 工艺处理

（1）选取工件端面中心为工件坐标系（编程）原点。

（2）由于工件较小，为了使加工路径清晰，加工起刀点与换刀点可以设为同一点。

（3）加工路线

1）采用三爪自定心卡盘装夹零件毛坯，粗、精车端面，粗、精车左端 $\phi24_{-0.03}^{0}$ mm 和 $\phi36_{-0.03}^{0}$ mm 的外圆以及 $\phi48_{-0.03}^{0}$ mm 的大外圆至尺寸，零件装夹示意图（一）如图 4 – 57 所示。

2）掉头装夹，粗、精车零件右端 $\phi28_{-0.03}^{0}$ mm 与 $\phi10_{-0.03}^{0}$ mm 的外圆以及 $R10$ mm 和 $R9$ mm 的圆弧（先通过复合循环指令，用外圆粗车刀加工零件外形轮廓，并保留 0.5 mm 的精加工余量；再用外圆精车刀将外形轮廓加工到尺寸），零件装夹示意图（二）如图 4 – 58 所示。

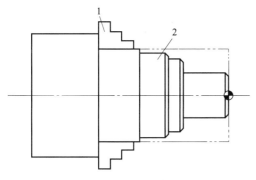

图 4 - 57　零件装夹示意图（一）

1—三爪自定心卡盘　2—工件

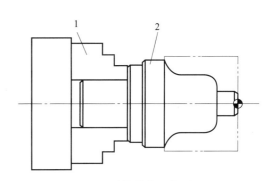

图 4 - 58　零件装夹示意图（二）

1—三爪自定心卡盘　2—工件

二、填写工艺卡片

1. 确定加工工艺

确定加工工艺，填写数控加工工艺卡，见表 4 - 32。

表 4 - 32　　　　　　　　　　数控加工工艺卡

工序	名称	工艺要求		操作者	备注
1	下料	ϕ50 mm×78 mm			
2	数控车	工步	工步内容	刀具号	
		1	粗、精车端面	T01	
		2	自左向右粗车各外圆	T02	
		3	自左向右精车各外圆	T02	
		4	零件掉头，粗、精车端面	T01	
		5	粗车各外圆和圆弧	T02	
		6	精车外圆及 R9 mm 和 R10 mm 的两圆弧	T02	
3	检验				

2. 确定切削用量和刀具

切削用量及刀具选择见表 4 - 33。

表 4 - 33　　　　　　　　　　切削用量及刀具选择

刀具号	刀具规格及名称	数量	加工内容	主轴转速/（r/min）	进给速度/（mm/r）	备注
T01	45°外圆车刀	1	车端面	500	0.2	
T02	90°外圆车刀	1	车工件外轮廓	600、800	0.3、0.1	

三、编制加工程序

零件左端加工程序见表 4 - 34，零件右端加工程序见表 4 - 35。

表 4 – 34   零件左端加工程序

程序	说明
O0001；	工件左端加工程序
N10 M03 T0101 S500 G99；	以 500 r/min 的转速启动主轴正转，选择 1 号刀及 1 号刀补
N20 G00 X65.0 Z2.0；	快速移到起刀点
N30 G94 X0 Z0 F0.1；	车削端面
N40 G00 X100.0 Z100.0；	退刀
N50 T0202 S600；	换 2 号刀加工外圆
N60 G00 X52.0 Z2.0；	定位至循环起始点
N70 G71 U1.0 R0.3；	粗车时背吃刀量为 1 mm，退刀量为 0.3 mm
N80 G71 P90 Q190 U0.5 W0 F0.3；	精车余量：X 轴方向为 0.5 mm
N90 G42 G00 X22.0；	快速移到 X 轴起点
N100 G01 Z0 F0.1；	进刀至 Z 轴起点
N110 X24.0 Z – 1.0；	倒角
N120 Z – 20.0；	精车 $\phi 24_{-0.03}^{0}$ mm 的外圆
N130 X34.0；	精车端面
N140 X36.0 Z – 21.0；	倒角
N150 Z – 25.0；	精车 $\phi 36_{-0.03}^{0}$ mm 的外圆
N160 X46.0；	精车端面
N170 X48.0 Z – 26.0；	倒角
N180 Z – 40.0；	精车 $\phi 48_{-0.03}^{0}$ mm 的外圆
N190 X52.0；	退刀
N200 G00 X100.0 Z100.0；	退刀
N210 M05；	主轴停止
N220 M00；	程序暂停
N230 M03 T0202 S800；	以 800 r/min 的转速启动主轴正转，选择 2 号刀及 2 号刀补
N240 G00 X50.0 Z2.0；	快速移到起刀点
N250 G70 P90 Q190；	精车循环指令
N260 G00 X100.0；	退刀
N270 G40 Z100.0；	退刀并取消半径右补偿
N280 M05；	主轴停止
N290 M30；	程序结束并复位

表 4-35 零件右端加工程序

程序	说明
O0002;	工件右端加工程序
N10 M03 T0101 S500 G99;	以 500 r/min 的转速启动主轴正转，选择 1 号刀及 1 号刀补
N20 G00 X65.0 Z2.0;	快速移到起刀点
N30 G94 X0 Z0 F0.1;	车削端面
N40 G00 X100.0 Z100.0;	退刀
N50 T0202 S600;	换 2 号刀加工外圆
N60 G00 X52.0 Z2.0;	定位至循环起始点
N70 G71 U1.0 R0.3;	粗车时背吃刀量为 1 mm，退刀量为 0.3 mm
N80 G71 P90 Q160 U0.5 W0 F0.3;	精车余量：X 轴方向为 0.5 mm
N90 G42 G00 X8.0;	快速移到 X 轴起点
N100 G01 Z0 F0.1;	进刀至 Z 轴起点
N110 X10.0 Z-1.0;	倒角
N120 Z-10.0;	精车 $\phi 10_{-0.03}^{0}$ mm 的外圆
N130 G03 X28.0 Z-19.0 R9.0 F0.1;	精车 $R9$ mm 的圆弧
N140 G01 Z-30.0;	精车 $\phi 28_{-0.03}^{0}$ mm 的外圆
N150 G02 X48.0 Z-40.0 R10.0;	精车 $R10$ mm 的圆弧
N160 G01 X52.0;	退刀
N170 G00 X100.0 Z100.0;	退刀
N180 M05;	主轴停止
N190 M00;	程序暂停
N200 M03 T0202 S800;	以 800 r/min 的转速启动主轴正转，选择 2 号刀及 2 号刀补
N210 G00 X50.0 Z2.0;	快速移到起刀点
N220 G70 P90 Q160;	精车循环指令
N230 G00 X100.0;	退刀
N240 G40 Z100.0;	退刀并取消刀尖圆弧半径右补偿
N250 M05;	主轴停止
N260 M30;	程序结束并复位

四、零件评价

评分标准见表 4-36。

表 4-36   评分标准

考核项目	序号	技术要求	配分	评分标准	检测记录	得分
工件加工	1	$\phi 24_{-0.03}^{0}$ mm	6	每超差 0.01 mm 扣 2 分		
	2	$\phi 36_{-0.03}^{0}$ mm	6	每超差 0.01 mm 扣 2 分		
	3	$\phi 48_{-0.03}^{0}$ mm	6	每超差 0.01 mm 扣 2 分		
	4	$\phi 28_{-0.03}^{0}$ mm	6	每超差 0.01 mm 扣 2 分		
	5	$\phi 10_{-0.03}^{0}$ mm	6	每超差 0.03 mm 扣 2 分		
	6	$R10$ mm、$R9$ mm	2×2	每错一处扣 2 分		
	7	(75±0.1) mm	4	超差不得分		
	8	$C1$ mm（4 处）	1×4	每错一处扣 1 分		
	9	$Ra \leqslant 1.6$ μm	8	每降一级扣 2 分		
程序与工艺	10	程序格式规范	10	每错一处扣 2 分		
	11	程序正确、完整	10	每错一处扣 2 分		
	12	切削用量参数设定正确	5	不合理每处扣 2 分		
	13	换刀点与循环起始点正确	5	不正确不得分		
机床操作	14	机床参数设定正确	5	不正确不得分		
	15	机床操作规范	5	每错一次扣 2 分		
安全文明生产	16	安全操作	5	不合格不得分		
	17	机床维护与保养				
	18	工作场所整理	5	不合格不得分		
合计			100			

思考与练习

1. 试述刀具位置补偿的作用。

2. 常见外圆加工的问题有哪些？

3. 常见端面加工的问题有哪些？

4. 试述工件外圆尺寸超差的原因及解决方法。

5. 试用 G00 和 G01 指令编制如题图 4-1 所示零件的加工程序。

6. 常见圆锥面加工的问题有哪些？

7. 如何判断圆弧的顺逆？

8. 为什么要用刀尖半径补偿？刀尖半径补偿有哪几种？其指令各是什么？

9. 使用刀尖半径补偿指令时应注意什么？

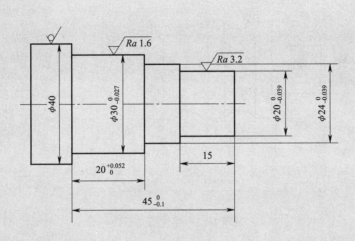

题图 4-1　零件图（一）

10. 常见圆弧加工的问题有哪些?

11. 如题图 4-2 所示，需加工的零件材料为 45 钢，毛坯为棒料。要求编写粗、精加工的程序并完成零件的加工。

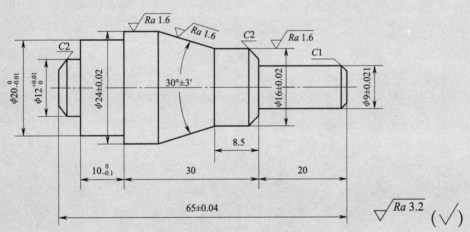

题图 4-2　零件图（二）

12. 如题图 4-3 所示的零件轮廓精度要求较高，用刀尖半径为 0.4 mm 的车刀车削，试用刀尖半径补偿方法编程并完成零件的加工。

13. 编写如题图 4-4 所示零件的加工程序并完成零件的加工。

14. 编写如题图 4-5 所示零件的加工程序并完成零件的加工。

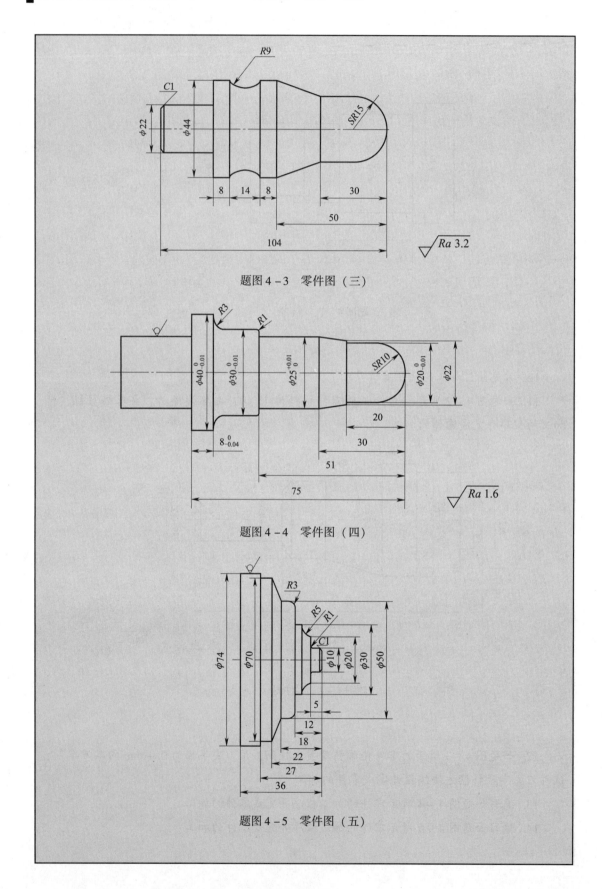

题图 4 - 3　零件图（三）

题图 4 - 4　零件图（四）

题图 4 - 5　零件图（五）

第五章 槽 加 工

在数控车削加工中，经常地会遇到各种带有槽的零件，如螺纹退刀槽、外圆沟槽、端面沟槽等，如图5-1所示为典型的槽类零件。本章将介绍各种槽加工的特点、工艺的确定、指令的应用、程序的编制、加工质量的分析等，并介绍子程序指令及其应用。

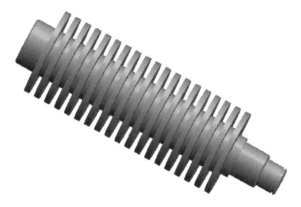

图5-1　槽类零件

第一节　单 槽 加 工

一、槽的加工方法

在工件上车各种形状的槽叫作车沟槽。外圆和平面上的沟槽叫作外沟槽，内孔的沟槽叫作内沟槽，如图5-2所示为常见车槽的方法。

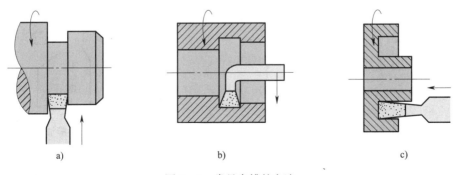

图5-2　常见车槽的方法

a）车外沟槽　b）车内沟槽　c）车端面槽

对于宽度及深度都不大的简单槽类零件，可采用与槽等宽的刀具直接切入一次成形的方法加工，如图 5-3 所示。刀具切入槽底后使刀具短暂停留，以修整槽底圆度。

对于宽度值不大但深度值较大的深槽零件，为了避免车槽过程中由于排屑不畅，使刀具前部因压力过大而出现扎刀和折断刀具的现象，应采用分次进刀的方式——刀具在切入工件一定深度后，停止进刀并回退一段距离，以达到断屑和排屑的目的，如图 5-4 所示。同时注意应尽量选择强度较高的刀具。

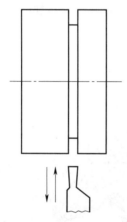

图 5-3　简单槽类零件加工方式

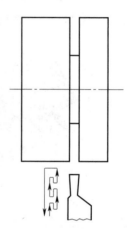

图 5-4　深槽零件加工方式

对于宽度及深度都比较大的槽，通常在车槽时采用排刀的方式进行粗车，然后用精车槽刀沿槽的一侧车至槽底，精加工槽底至槽的另一侧，再沿侧面退出，如图 5-5 所示。

对于异形槽的加工，大多采用先车直槽然后修整轮廓的方式进行，如图 5-6 所示。

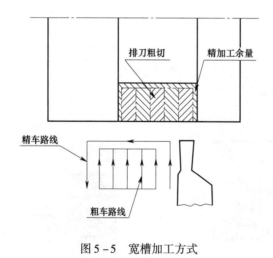

图 5-5　宽槽加工方式

图 5-6　异形槽加工方式

二、常用槽加工指令

常用槽加工编程指令见表 5-1。

表 5 - 1   常用槽加工编程指令

指令名称	应用格式	主要工艺用途
快速点定位 G00	G00 X (U) __ Z (W) __;	快速移动
直线插补指令 G01	G01 X (U) __ Z (W) __ F __;	点对点的直线移动
延时指令 G04	G04 P __; G04 X __;	延时，暂停
端面切削循环指令 G94	G94 X (U) __ Z (W) __ F __;	端面固定形状的简化编程
多重复合循环指令 G75	G75 R (e); G75 X (U) __ Z (W) __ P (Δi) Q (Δk) R (Δd) F __;	深槽零件循环车槽编程
子程序（M98）（M99）	M98 P __ L __;	复杂零件的简化编程

1. 直线插补指令（G01）

在数控机床上加工槽，无论是外沟槽还是内沟槽，都可以采用 G00 和 G01 指令直接实现。指令书写格式如下：

G01 X (U) __ Z (W) __ F __;

如图 5 - 7 所示，在 ϕ30 mm × 40 mm 的毛坯上加工等距槽，材料为 45 钢，试编写加工程序，见表 5 - 2。

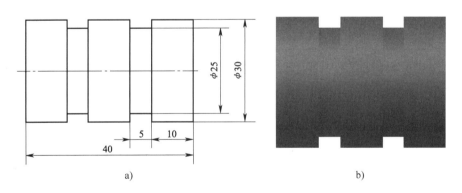

a)   b)

图 5 - 7　等距槽

a) 零件图　b) 实物图

表 5 - 2   加工程序

程序	说明
O0001;	程序名
N10 M03 S300 T0202 G99;	主轴以 300 r/min 的转速正转，选择 2 号刀及 2 号刀补
N20 G00 X32.0 Z2.0;	刀具快速接近工件

续表

程序	说明
N30 Z – 14.0；	Z 向进刀
N40 G01 X25.0 W0 F0.1；	车削第一个槽
N50 X32.0；	X 向退刀
N60 W – 1.0；	Z 向进刀
N70 X25.0；	X 向进刀
N80 Z – 14.0；	精车第一刀车削的表面
N90 X32.0；	X 向退刀
N100 Z – 29.0；	Z 向进刀
N110 X25.0；	车削第二个槽
N120 X32.0；	X 向退刀
N130 W – 1.0；	Z 向进刀
N140 X25.0；	X 向进刀
N150 Z – 29.0；	精车第二刀车削的表面
N160 X32.0；	X 向退刀
N170 G00 Z5.0；	返回定刀点
N180 X100.0 Z100.0；	退刀
N190 M05；	主轴停止
N200 M30；	程序结束并复位

2. 延时指令 G04

（1）指令书写格式

G04 P ___；或 G04 X ___；

P ___——暂停时间，ms（0.001s）；

X ___——暂停时间，s。

用 G04 指令可以车削出圆整的槽底直径以及台阶尖角需保留的部位，其应用如图 5 – 8 所示。

（2）加工程序

G00 X50.0 Z – 4.0 T0101；　　（定位）

G01 X32.0 F0.1；　　　　　　（车至槽底）

G04 X1.0；　　　　　　　　　（延时修整槽底）

G01 X50.0 F0.1；　　　　　　（退刀）

…

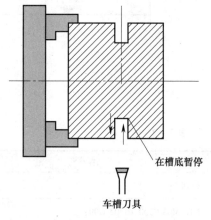

在槽底暂停

车槽刀具

图 5 – 8　延时指令 G04 的运用

> **提示**
>
> 　1. G04 指令在前一程序段的进给速度降到零后才开始暂停动作。
>
> 　2. 在执行含 G04 指令的程序段时，先执行暂停功能，仅在其中被规定的程序段中有效。
>
> 　3. G04 可指令刀具做短暂停留，以获得圆整的表面。该指令用于车槽，还可用于拐角处轨迹的控制，在一些对保留台阶尖角要求较严格的场合常用 G04 指令来保证加工质量。

三、窄槽零件加工

如图 5-9 所示为带外沟槽的零件，试编制该零件的加工程序并进行加工。材料可沿用上节课练习用料（或采用 $\phi45$ mm $\times150$ mm 的棒料），材料为 45 钢。

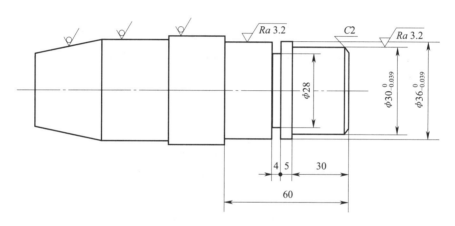

图 5-9　带外沟槽的零件

该零件除了包括端面、外圆外，还包括外圆沟槽，其外形较简单，采用基本编程指令即可完成零件的编程工作。但是，在编程和加工过程中，还要注意加工沟槽时各坐标点的确定，否则将会产生槽位置的加工误差。

1. 加工工艺分析

（1）编程原点的确定

以工件右端面与轴线的交点处作为编程原点。

（2）制定加工路线

先车端面→粗车 $\phi36_{-0.039}^{0}$ mm 和 $\phi30_{-0.039}^{0}$ mm 的外圆→精车倒角→精车 $\phi30_{-0.039}^{0}$ mm 的外圆至尺寸→精车 $\phi36_{-0.039}^{0}$ mm 的外圆至尺寸→车 4 mm 的沟槽。

2. 工件的装夹

采用三爪自定心卡盘装夹工件，如图 5-10 所示。

3. 填写工艺卡片

（1）确定加工工艺，填写数控加工工艺卡，见表 5-3。

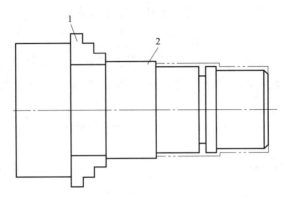

图 5-10　工件的装夹

1—三爪自定心卡盘　2—工件

表 5-3　　　　　　　　　　　　　　数控加工工艺卡

工序	名称	工艺要求			操作者	备注
1	下料	$\phi 45$ mm × 150 mm				
2	数控车	工步	工步内容		刀具号	
		1	车端面		T01	
		2	粗车 $\phi 36_{-0.039}^{0}$ mm 的外圆		T02	
		3	粗车 $\phi 30_{-0.039}^{0}$ mm 的外圆		T02	
		4	倒角		T02	
		5	精车 $\phi 30_{-0.039}^{0}$ mm 的外圆		T02	
		6	精车 $\phi 36_{-0.039}^{0}$ mm 的外圆		T02	
		7	车 4 mm 的沟槽		T03	
3	检验					

（2）切削用量及刀具选择见表 5-4。

表 5-4　　　　　　　　　　　　　切削用量及刀具选择

刀具号	刀具规格及名称	数量	加工内容	主轴转速/（r/min)	进给速度/（mm/r)	备注
T01	90°外圆粗车刀	1	车端面	500	0.2	
T02	90°外圆精车刀	1	车工件外轮廓	800	0.1	
T03	车槽刀（刀头宽度为 4 mm)	1	车外沟槽	400	0.1	

4. 编写加工程序

零件加工程序见表 5-5。

表 5 – 5　　　　　　　　　　　　　　零件加工程序

程序	说明
O0001；	
N10 M03 S500 T0101 G99；	主轴正转，转速为 500 r/min，选择 1 号刀及 1 号刀补
N20 G00 X50.0 Z2.0；	移到车端面定刀点
N30 G94 X0 Z0 F0.2；	端面循环车削
N40 G00 X45.0 Z2.0；	移到粗车定刀点
N50 G90 X37.0 Z – 60.0 F0.2；	粗车循环
N60 X31.0 Z – 30.0；	
N70 G00 X100.0 Z100.0；	快速退刀
N80 T0202 S800；	换 2 号刀及 2 号刀补，准备精车
N90 G00 X50.0 Z5.0；	快速移到定刀点
N100 X26.0；	
N110 G01 Z0 F0.1；	移到精车起刀点
N120 X30.0 Z – 2.0；	倒角
N130 Z – 30.0；	精加工 $\phi30_{-0.039}^{0}$ mm 的外圆
N140 X36.0；	退刀
N150 Z – 60.0；	精加工 $\phi36_{-0.039}^{0}$ mm 的外圆
N160 X45.0；	退刀
N170 G00 X100.0 Z100.0；	快速退刀
N180 T0303 S400；	换 3 号刀及 3 号刀补，准备车槽
N190 G00 X50.0 Z5.0；	快速移到定刀点
N200 X40.0 Z – 39.0；	
N210 G01 X28.0 F0.1；	车槽
N220 X40.0；	
N230 G00 X100.0 Z100.0；	快速退刀
N240 M05；	主轴停止
N250 M30；	程序结束并复位

四、宽槽零件加工

对于较窄的简单沟槽，可以采取与槽宽等宽的车槽刀直接车入槽底即可，而宽槽有一定的宽度，这样的槽用宽刃刀直接车出是不现实的，因此，应选用窄一点的车槽刀，并应用 FANUC 0i 系统中的端面车削循环指令 G94 和多重复合循环切削指令 G75 来进行加工。

1. 端面车削循环指令（G94）

在使用该指令时，如果设定 Z 值不移动或设定 W 值为零时，就可用来车槽。指令书写格式如下：

G94 X（U）__ Z（W）__ F __；

如图 5-11 所示，在 φ30 mm×55 mm 的棒料上加工等距槽，采用 G94 指令编写加工程序，加工程序见表 5-6。

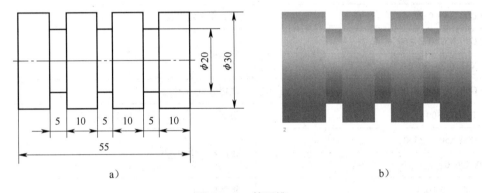

图 5-11　等距槽

a）零件图　b）实物图

表 5-6　　　　　　　　　　　　加工程序

程序	说明
O0002；	程序号
N10 M03 S200 T0303 G99；	主轴以 200 r/min 的转速正转，选择 3 号刀及 3 号刀补
N20 G00 X32.0 Z2.0；	移动刀具至定刀点
N30 G00 Z-14.0；	移动刀具至定刀点
N40 G94 X20.0 W0 F0.1；	加工槽
N50 W-1.0；	扩槽
N60 G00 Z-29.0；	移动刀具至定刀点
N70 G94 X20.0 W0 F0.1；	加工槽
N80 W-1.0；	扩槽
N90 G00 Z-44.0；	移动刀具至定刀点
N100 G94 X20.0 W0.1 F0.1；	加工槽
N110 W-1.0；	扩槽
N120 G00 Z100.0；	快速退刀
N130 M05；	主轴停止
N140 M30；	程序结束并复位

2. 多重复合循环切削指令（G75）

（1）指令书写格式

G75 R（e）；

G75 X（U）__ Z（W）__ P（Δi）Q（Δk）R（Δd）F __；

（2）指令说明

e——回退量，该值为模态值，可由程序指令修改；

X __——最大切深点的 X 轴坐标；

U __——最大切深点的 X 轴增量坐标；

Z __——最大切深点的 Z 轴坐标；

W __——最大切深点的 Z 轴增量坐标；

Δi——X 轴方向的进给量（不带符号，单位为 μm）；

Δk——Z 轴方向的位移量（不带符号，单位为 μm）；

Δd——刀具在车至槽底时的退刀量，Δd 的符号总是正的；

F __——进给速度。

如图 5 - 12 所示为 G75 循环指令运动轨迹。

（3）编程实例

如图 5 - 13 所示，使用 G75 指令加工宽槽，加工程序见表 5 - 7。

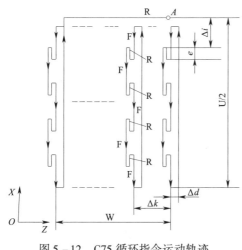

图 5 - 12　G75 循环指令运动轨迹

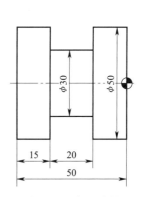

图 5 - 13　加工宽槽

表 5 - 7　　　　　　　　　　　　　　　　加工程序

程序	说明
O0001；	
N10 M03 S400 T0202 G99；	选择 4 mm 的切断刀，主轴正转，转速为 400 r/min
N20 G00 X52.0 Z - 19.0；	快速接近工件

续表

程序	说明
N30 G75 R0.3；	回退量为 0.3 mm
N40 G75 X30.0 Z−35.0 P5000 Q3900 F0.1；	循环车槽
N50 G00 X100.0 Z100.0；	退刀
N60 M05；	主轴停止
N70 M30；	程序结束并复位

提示

1. 在零件加工过程中，槽的定位是非常重要的，编程时要引起重视。

2. 车槽刀通常有两个刀位点，编程时可根据基准标注情况进行选择。

3. 车宽槽时应注意计算刀宽与槽宽的关系。

4. G75 循环指令用于车槽就等于用数个 G94 指令组成循环加工，Q（Δk）不能大于刀宽。

3. 程序编制方法

如图 5−14 所示为离合器零件图，试根据零件图编制其滑块槽的加工程序，加工程序见表 5−8。车槽后离合器三维立体图如图 5−15 所示。

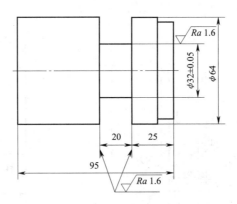

图 5−14　离合器零件图

表 5−8　　　　　　　　　　　　加工程序

程序	说明
O0001；	程序号
N10 M03 S500 T0101 G99；	主轴正转，转速为 500 r/min，选择 1 号刀及 1 号刀补
N20 G00 X70.0 Z−25.2 M08；	移到车槽定刀点

续表

程序	说明
N30 G75 R2.0；	回退量为 2.0 mm
N40 G75 X32.2 Z－40.8 P5000 Q3900 F0.1；	循环车槽
N50 G01 X70.0 Z－25.0 F0.3；	
N60 X32.0 F0.1；	精加工右侧面
N70 Z－41.0；	精加工槽底
N80 X70.0；	精加工左侧面
N90 G00 X100.0 Z100.0 M09；	
N100 M05；	主轴停止
N110 M30；	程序结束并复位

图 5-15　离合器三维立体图

五、槽加工质量分析

用数控车床加工槽的过程中经常遇到的加工和质量问题有多种，常见问题的产生原因和解决方法见表 5-9。

表 5-9　　　　　　　　　　槽加工常见问题的产生原因和解决方法

现象	产生原因	解决方法
槽的一侧或两个侧面出现小台阶	1. 刀具数据不准确 2. 程序错误	1. 调整或重新设定刀具数据 2. 检查、修改加工程序

现象	产生原因	解决方法
槽底面倾斜	刀具安装不正确	正确安装刀具
槽的侧面呈现凹凸面	1. 刀具刃磨角度不对称 2. 刀具安装角度不对称 3. 刀具两刀尖磨损不对称	1. 重新刃磨刀具 2. 正确安装刀具 3. 重新刃磨刀具或更换刀片
槽的两个侧面倾斜	刀具磨损	重新刃磨刀具或更换刀片
槽底有振纹	1. 工件装夹不正确 2. 刀具安装不正确 3. 切削参数不正确 4. 程序延时时间太长	1. 检查工件装夹情况，提高装夹刚度 2. 调整刀具安装位置 3. 提高或降低切削速度 4. 缩短程序延时时间
车槽过程中出现扎刀现象，造成刀具断裂	1. 进给量过大 2. 切屑堵塞	1. 降低进给速度 2. 采用断屑、排屑方式切入
车槽开始及加工过程中出现较强的振动。表现为工件和刀具出现共振现象，严重者机床也会一同产生共振，切削不能继续	1. 工件装夹不正确 2. 刀具安装不正确 3. 进给速度过低	1. 检查工件装夹情况，提高装夹刚度 2. 调整刀具安装位置 3. 提高进给速度

第二节　多槽加工

对于零件上尺寸和形状相同部位的加工，可采用子程序调用指令来编制该零件的加工程序，这样可减少编程工作量，缩短加工程序的长度。

一、子程序加工

机床的加工程序可以分为主程序和子程序两种。主程序是一个完整的零件加工程序，或是零件加工程序的主体部分。它与被加工零件或加工要求一一对应，不同的零件或不同的加工要求都有唯一的主程序。

在编制加工程序的过程中，有时会遇到一组程序段在一个程序中多次出现，或者在几个程序中都要使用它。这个典型的加工程序可以编制为固定程序，并单独加以命名，这组程序段就称为子程序。

子程序一般都不能作为独立的加工程序使用，它只能通过主程序进行调用，实现加工中的局部动作。子程序执行结束后，能自动返回调用它的主程序中。

二、子程序调用指令（M98、M99）

1. 指令书写格式

M98 P <u>× × × ×</u> <u>× × × ×</u>;
  循环次数 子程序号

2. 指令说明

M98 P51002;
表示程序号为 1002 的子程序被连续调用 5 次。

提示

　1. 子程序号同主程序，不同的是子程序用 M99 结束。

　2. 子程序执行完请求的次数后返回主程序 M98 的下一句继续执行。子程序结束后没有 M99 指令时将不能返回主程序。

　3. 省略循环次数时，默认循环次数为一次。

---

3. 子程序的嵌套

为了进一步简化加工程序，可以允许其子程序再调用另一个子程序，这一功能称为子程序的嵌套。子程序可以由主程序调用，已被调用的子程序也可以调用其他子程序。从主程序调用的子程序成为一重嵌套，最多可以嵌套四重，如图 5 – 16 所示为子程序的嵌套。

4. 程序编制方法

如图 5 – 17 所示，在 $\phi30$ mm $\times 70$ mm 的 45 钢圆棒料上加工不等距槽，要求应用子程序编写程序，加工程序见表 5 – 10。

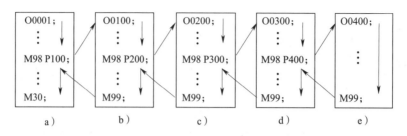

图 5 – 16 子程序的嵌套

a）主程序   b）一级嵌套   c）二级嵌套   d）三级嵌套   e）四级嵌套

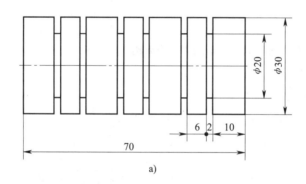

a）

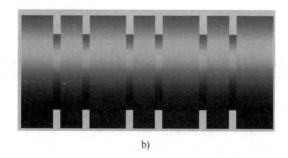

b）

图 5 – 17 不等距槽

a）零件图   b）实物图

表 5 – 10   加工程序

程序	说明
O0003；	主程序号
N10 M03 S800 T0101 G99；	主轴正转，转速为 800 r/min，选择 1 号刀及 1 号刀补
N20 G00 X35.0 Z0；	快速接近工件
N30 G01 X0 F0.3；	车端面
N40 G00 X30.0 Z2.0；	退刀
N50 G01 Z – 55.0 F0.3；	车外圆

续表

程序	说明
N60 G00 X150.0 Z100.0；	退刀
N70 T0303 S400；	换 3 号刀及调用 3 号刀补
N80 X32.0 Z0；	定刀
N90 M98 P30015；	调用子程序
N100 G00 W – 12.0；	移到定刀点
N110 G01 X0 F0.12；	切断
N120 G04 X2.0；	延时
N130 G00 X150.0 Z100.0 M09；	退刀
N140 M05；	主轴停止
N150 M30；	程序结束并复位
O0015；	子程序号
N10 G00 W – 12.0；	Z 轴定位
N20 G01 U – 12.0 F0.15；	X 轴方向进刀
N30 G04 X1.0；	延时 1 s
N40 G00 U12.0；	X 轴方向退刀
N50 W – 8.0；	Z 轴方向移动
N60 G01 U – 12.0 F0.15；	X 轴方向进刀
N70 G04 X1.0；	延时 1 s
N80 G00 U12.0；	X 轴方向退刀
N90 M99；	子程序结束并返回主程序

提示

1. 编程时应注意子程序与主程序之间的衔接问题。

2. 对于应用子程序指令的加工程序，在试切削阶段应特别注意机床的安全问题。

3. 子程序多采用增量方式编制而成，应注意程序是否闭合以及累积误差对零件加工精度的影响。

4. 对于使用 G90（G91）绝对（增量）坐标转换的数控系统，要注意确定编程方式（绝对或增量）。

三、多槽零件加工

编制如图 5 – 18 所示带外圆沟槽的零件的加工程序并进行加工。材料可沿用上节课练习用料（或采用 ϕ45 mm×150 mm 的棒料），材料为 45 钢。

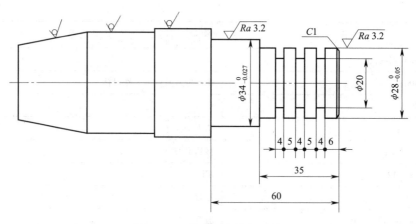

图 5 - 18　带外圆沟槽的零件

该零件加工部位包括端面、外圆和三个尺寸要求相同的外圆沟槽。在编程和加工过程中，一定要注意槽加工时各定刀点的尺寸，否则将会产生槽位置的加工误差。

1. 加工工艺分析

（1）编程原点的确定

以工件右端面与轴线的交点处作为编程原点。

（2）制定加工路线

先车端面→粗车 $\phi 34_{-0.027}^{0}$ mm 和 $\phi 28_{-0.05}^{0}$ mm 的外圆→精车倒角→精车 $\phi 28_{-0.05}^{0}$ mm 的外圆至尺寸→精车 $\phi 34_{-0.027}^{0}$ mm 的外圆至尺寸→车三处 4 mm 宽的沟槽。

2. 工件的装夹

采用三爪自定心卡盘装夹工件，如图 5 - 19 所示。

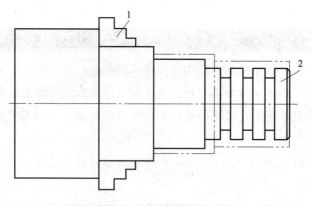

图 5 - 19　工件的装夹

1—三爪自定心卡盘　2—工件

3. 填写工艺卡片

（1）确定加工工艺，填写数控加工工艺卡，见表 5 - 11。

表 5 – 11   数控加工工艺卡

工序	名称	工艺要求		操作者	备注
1	下料	$\phi45$ mm×150 mm			
2	数控车	工步	工步内容	刀具号	
		1	车端面	T01	
		2	粗车 $\phi28_{-0.05}^{\ 0}$ mm 的外圆	T01	
		3	粗车 $\phi34_{-0.027}^{\ 0}$ mm 的外圆	T01	
		4	倒角	T02	
		5	精车 $\phi28_{-0.05}^{\ 0}$ mm 的外圆	T02	
		6	精车 $\phi34_{-0.027}^{\ 0}$ mm 的外圆	T02	
		7	车三处 4 mm 宽的沟槽	T03	
3	检验				

（2）切削用量及刀具选择见表 5 – 12。

表 5 – 12   切削用量及刀具选择

刀具号	刀具规格及名称	数量	加工内容	主轴转速/（r/min）	进给速度/（mm/r）	备注
T01	90°外圆粗车刀	1	车端面、外圆	500	0.2	
T02	90°外圆精车刀	1	车工件外轮廓	800	0.1	
T03	车槽刀（刀头宽度为 4 mm）	1	车外沟槽	400	0.1	

4. 编写加工程序

零件加工程序见表 5 – 13。

表 5 – 13   零件加工程序

程序	说明
O0001；	
N10 M03 S500 T0101 G99；	主轴正转，转速为 500 r/min，选择 1 号刀及 1 号刀补
N20 G00 X50.0 Z2.0 M08；	快速移到定刀点
N30 G00 X35.0 Z2.0；	移到车端面定刀点
N40 G94 X0 Z0 F0.2；	端面循环车削
N50 G00 X40.0 Z2.0；	移到粗车定刀点
N60 G90 X35.0 Z－60.0 F0.2；	粗车循环

续表

程序	说明
N70 X29. 0 Z - 35. 0；	
N80 G00 X100. 0 Z100. 0；	快速退刀
N90 T0202 S800；	换 2 号刀及 2 号刀补，准备精车
N100 G00 X50. 0 Z5. 0；	快速移到定刀点
N110 G00 X26. 0；	
N120 G01 Z0 F0. 1；	移到精车起刀点
N130 X28. 0 Z - 1. 0；	倒角
N140 Z - 35. 0；	精加工 $\phi 28_{-0.05}^{0}$ mm 的外圆
N150 X34. 0；	退刀
N160 Z - 60. 0；	精加工 $\phi 34_{-0.027}^{0}$ mm 的外圆
N170 X45. 0；	退刀
N180 G00 X100. 0 Z100. 0；	快速退刀
N190 T0303 S400；	换 3 号刀及 3 号刀补，准备车槽
N200 G00 X50. 0 Z5. 0；	快速移到定刀点
N210 X30. 0 Z - 1. 0；	
N220 M98 P31000	车槽
N230 G00 X100. 0 Z100. 0 M09；	快速退刀
N240 M05；	主轴停止
N250 M30；	程序结束并复位
O1000；	子程序号
N10 G01 W - 9. 0；	轴向移动 9 mm
N20 G94 X20. 0 W0 F0. 1；	车槽循环
N30 M99；	子程序结束并返回主程序

第三节　端面槽加工

一、端面槽加工

在端面上车直槽时，端面直槽刀的几何形状是外圆车刀与内孔车刀的综合。端面直槽刀可由外圆车槽刀刃磨而成，其形状如图 5 - 20 所示。车槽刀的刀头部分长度 = 槽深 + （2 ~ 3）mm，刀宽根据需要刃磨。车槽刀主切削刃与两侧副切削刃之间应对称、平直。其中，刀

尖 a 处副后面的圆弧半径 R 必须小于端面直槽的大圆弧半径，以防止左侧副后面与工件端面槽壁相碰。

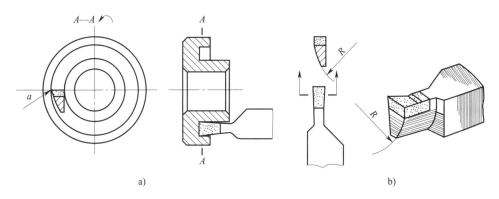

图 5 – 20 端面直槽刀的形状

a）端面直槽刀的加工状态 b）端面直槽刀的刃磨要求

数控加工中常用的机夹端面车槽刀如图 5 – 21 所示。

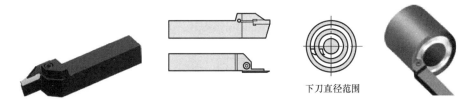

下刀直径范围

图 5 – 21 机夹端面车槽刀

二、端面车槽循环（G74）

1. 指令书写格式

G74 R (e)；

G74 X（U）__ Z（W）__ P（Δi）Q（Δk）R（Δd）F __；

Δi——刀具完成一次轴向切削后在 X 轴方向的偏置量，该值用不带符号的半径量表示，μm；

Δk——Z 轴方向的每次背吃刀量，用不带符号的值表示，μm；

Δd——刀具在车到槽底时的退刀量，Δd 的符号总是正的。

2. 指令说明

G74 循环指令运动轨迹与 G75 循环指令运动轨迹相似，如图 5 – 22 所示。不同之处是刀具从循环起点 A 出发，先轴向（Z 轴）进给，再径向（X 轴）平移，依次循环直至完成全部动作。当径向（X 轴）平移量为零时，即完成端面槽的加工。

3. 编程实例

如图 5 – 23 所示欲加工端面槽（车槽刀的刀头宽度为 3 mm），用 G74 指令编写加工程序并进行加工，加工程序见表 5 – 14。

　　车一般外沟槽时，由于车槽刀是从外圆切入的，其几何形状与切断刀基本相同，车刀两侧副后角相等，车刀左右对称。但车端面槽时，车刀的刀尖点 A 处于车孔状态，为了避免车刀与工件沟槽的较大圆弧面相碰，刀尖 A 处（见图 5 – 23a）的副后面必须根据端面槽圆弧的大小磨成圆弧形，并保证一定的后角。

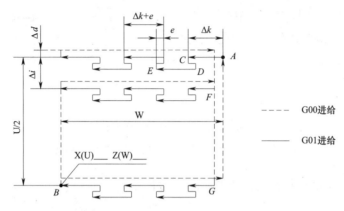

图 5 – 22　G74 循环指令运动轨迹

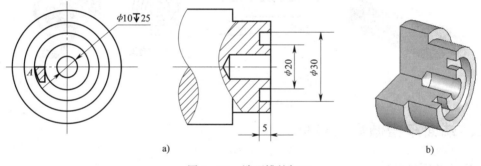

a)　　　　　　　　　　　　　　　b)

图 5 – 23　端面槽的加工

a）零件图　　b）三维立体图

表 5 – 14　　　　　　　　　　　　　加工程序

程序	说明
O0001；	
N10 M03 T0101 S500 G99；	主轴以 500 r/min 的转速正转，选择 1 号刀及 1 号刀补
N20 G00 X20.0 Z1.0；	快速定位至车槽循环起始点
N30 G74 R0.3；	回退量为 0.3 mm
N40 G74 X24.0 Z – 5.0 P1000 Q2000 F0.1；	端面槽加工循环指令
N50 G00 X100.0 Z100.0；	退刀
N60 M05；	主轴停止
N70 M30；	程序结束并复位

1. 由于 Δi 和 Δk 为无符号值，所以，刀具车到要求的深度后的偏置方向由系统根据刀具起刀点及车槽终点的坐标自动判断。

2. 在车槽过程中，刀具或工件受较大的单方向切削力，容易在切削过程中产生振动，因此，车槽时进给速度 F 的取值应略小（特别是在车端面槽时），通常取 $0.1 \sim 0.2 \ \mathrm{mm/r}$。

思考与练习

1. 试述 G04 指令的含义与功能。

2. 子程序应用的主要功能是什么？

3. 常见槽加工的问题有哪些？

4. 欲在如题图 5-1 所示的零件上车槽，试用子程序编程。

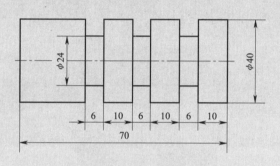

题图 5-1　零件图

5. 车削如题图 5-2 所示的不等距槽，试编写加工程序。

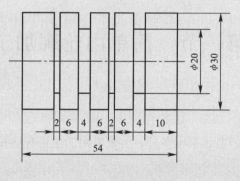

题图 5-2　不等距槽

第六章　内轮廓加工

与锥面和圆弧面的加工一样，孔加工也是车削加工中最常见的加工之一。工件中往往有各种各样的孔使用数控车床加工，进行钻削、铰削、车削、扩削等可以加工出不同精度的工件，加工简单，加工精度比普通车床的精度高。如图 6 - 1 所示为典型的孔类零件。

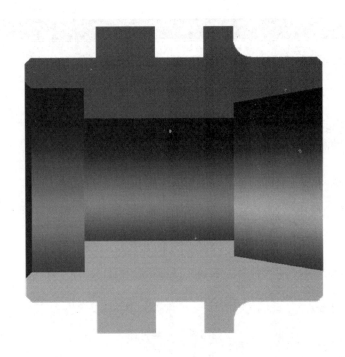

图 6 - 1　典型的孔类零件

第一节　简单内轮廓加工

一、孔加工方法

在车床上加工内轮廓的方法有很多种，但最常用的主要有钻孔、车孔等。

1. 钻孔

孔加工常用工具为钻头（见图 6 - 2），它主要用于在实体材料上钻孔（有时也用于扩孔），如图 6 - 2 所示。根据构造及用途不同，钻头又可分为麻花钻、扁钻、中心钻及深孔钻等，图 6 - 2b 所示为标准麻花钻的切削用量。

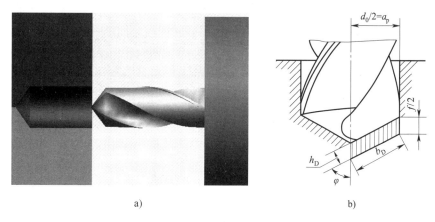

图 6 - 2　用钻头钻孔

a）麻花钻的加工状态　b）麻花钻的切削用量

提示

1. 钻头刚钻入端面时不可用力太大，以防止钻头因受力过大折断或将孔钻偏。

2. 当孔较深时，切屑不易排出，要经常退钻排屑，同时也可冷却钻头。

3. 钻削钢件材料时要加注充分的切削液，以防止钻头因过热而退火。

4. 钻直径大于 30 mm 的孔时，应先用小直径钻头钻底孔（减小横刃阻力），再根据实际情况分两次或三次钻出。

5. 孔在即将钻穿时，因横刃瞬间不参加切削，阻力瞬间减小，易产生轴向窜动，会损坏钻头切削刃，因此要减小进给量。

2. 车孔

如图 6 - 3 所示，车孔能修整钻孔、扩孔等上一道工序所造成的孔轴线扭曲、偏斜等缺陷，因此，特别适用于尺寸及形状精度要求较高的孔的加工。车床上常加工的内孔形式有通孔（见图 6 - 4a）、盲孔（见图 6 - 4b）及台阶孔（见图 6 - 4c）。

图 6 - 3　车孔

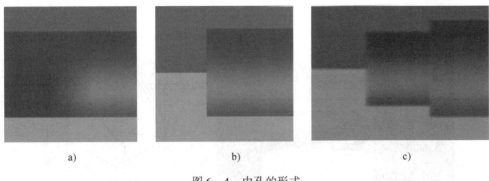

图 6-4　内孔的形式

a) 通孔　b) 盲孔　c) 台阶孔

提示

1. 加工前应根据零件形状选择相应的刀具。车台阶孔时应选用盲孔车刀，其主偏角大于 90°。

2. 在车孔之前，应了解内孔车刀的长度和直径是否能满足加工需要。

3. 加工孔时，车刀和刀柄要有足够的刚度。

4. 车刀在刀柄上既要夹持牢固，又要装卸方便、便于调整。

5. 车孔时要有可靠的断屑和排屑措施。

二、车孔的关键技术

车孔是最常见的车工技能，它与车削外圆相比，无论加工还是测量都困难得多。加工内孔的刀具刀柄的粗细受到孔径和孔深的限制，因而刚度、强度较低，且在车削过程中因空间狭窄使排屑和散热条件较差，对刀具寿命和工件加工质量都十分不利，所以主要从以下几个方面解决上述问题。

1. 提高内孔车刀的刚度

（1）尽量增大刀柄的截面积

通常内孔车刀的刀尖位于刀柄的上面，这样刀柄的截面积较小，还不到孔截面积的 1/4（见图 6-5b）。若使内孔车刀的刀尖位于刀柄的中心线上，那么刀柄在孔中的截面积可大大地增加，如图 6-5a 所示。

（2）尽可能缩短刀柄的伸出长度

通过缩短刀柄的伸出长度，可提高车刀刀柄的刚度，减少切削过程中的振动，如图 6-5c 所示。此外，还可将刀柄上、下两个平面做成互相平行的平面，这样就能很方便地根据孔深调节刀柄伸出的长度，如图 6-5 所示。

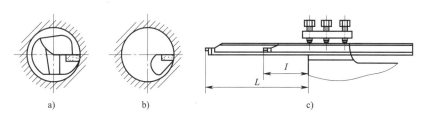

图 6 – 5 可调节刀柄长度的内孔车刀

a）刀尖位于刀柄中心线上 b）刀尖位于刀柄上面 c）刀柄伸出长度

2. 控制切屑流向

典型的内孔车刀如图 6 – 6 所示。加工通孔时要求切屑流向待加工表面（前排屑），为此，采用正刃倾角的内孔车刀，如图 6 – 6a 所示；加工盲孔时应采用负的刃倾角，使切屑从孔口排出（后排屑），如图 6 – 6b 所示。

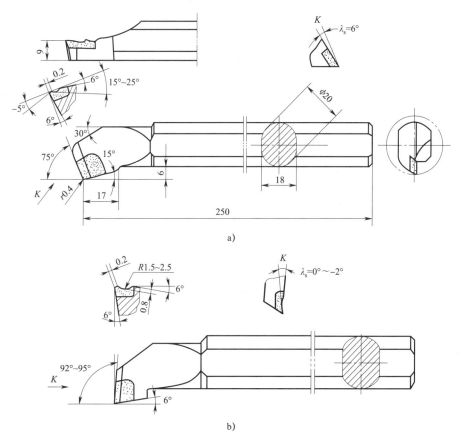

图 6 – 6 典型的内孔车刀

a）前排屑通孔刀 b）后排屑盲孔刀

3. 正确安装刀具

内孔车刀安装得正确与否，直接影响到车削情况及孔的精度，所以在安装时一定要注意以下几点：

（1）刀尖应与工件中心等高或稍高于工件中心。如果装得低于工件中心，由于切削抗力的作用，容易将刀柄压低而产生扎刀现象，并导致孔径扩大。刀柄伸出刀架不宜过长，一般比被加工孔长 5～6 mm 即可。

（2）刀柄基本上平行于工件轴线，否则，在车削到一定深度时刀柄后半部分容易碰到工件孔口。

三、常用孔加工指令

常用孔加工编程指令见表 6-1。

表 6-1　　　　　　　　　　　常用孔加工编程指令

指令名称	应用格式	主要工艺用途
快速点定位 G00	G00 X（U）＿ Z（W）＿ ;	快速移动
直线插补 G01	G01 X（U）＿ Z（W）＿ F＿ ;	点对点的直线移动
外圆（内孔）单一形状固定循环 G90	G90 X（U）＿ Z（W）＿ F＿ ;	外圆、内孔固定形状的简化编程
外圆（内孔）粗车复合循环 G71	G71 U（Δd）R（e）; G71 P（ns）Q（nf）U（Δu）W（Δw）F＿ S＿ T＿ ;	复杂型面粗车的简化编程
精加工循环 G70	G70 P ns Q nf;	复合循环中精加工循环
深孔钻削循环 G74	G74 R（e）＿ ; G74 X（U）＿ Z（W）＿ P（Δi）Q（Δk）R（Δd）F＿ ;	深孔循环加工

1. 直线插补指令（G01）

在数控车床上加工孔时，无论是钻孔还是车孔，都可以采用 G01 指令直接实现。指令书写格式如下：

G01 X（U）＿ Z（W）＿ F＿ ;

如图 6-7 所示为台阶孔零件，毛坯尺寸为 $\phi125$ mm×75 mm×$\phi65$ mm，使用 G01 指令编制孔的精加工程序，加工程序见表 6-2。

2. 外圆（内孔）单一形状固定循环（G90）

（1）加工直孔

使用单一形状固定循环指令 G90 加工内孔时，要判断进刀轨迹是否正确，主要看循环起始点的定刀点位置（加工内孔时定刀点直径小于零件的最小内孔直径），指令书写格式如下：

G90 X（U）＿ Z（W）＿ F＿ ;

G90 指令运动轨迹如图 6-8 所示。

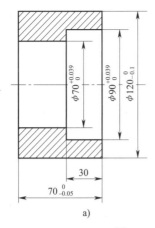

图 6 - 7 台阶孔零件

a) 零件图　b) 实物图

表 6 - 2　　　　　　　　　　　　加工程序

程序	说明
O0001；	
N10 M03 T0101 S500 G99；	主轴以 500 r/min 的转速正转，选择 1 号刀及 1 号刀补
N20 G00 X60. 0 Z10. 0；	快速移到定刀点
N30 X90. 0 Z5. 0；	移到精车起刀点
N40 G01 Z - 30. 0 F0. 1；	加工 $\phi 90^{+0.039}_{0}$ mm 的内孔
N50 X70. 0；	修整长度尺寸 $30^{0}_{-0.03}$ mm
N60 Z - 75. 0；	加工 $\phi 70^{+0.039}_{0}$ mm 的内孔
N70 X68. 0；	退刀
N80 Z10. 0；	退刀
N90 G00 X150. 0 Z100. 0；	快速退刀
N100 M05；	主轴停止
N110 M30；	程序结束并复位

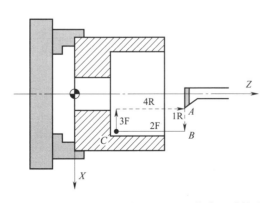

R：快速进给
F：切削进给
A：循环起点
B：切削起点
C：切削终点

图 6 - 8　G90 指令运动轨迹

G90 指令适用于加工轴向长、径向短的内孔，如图 6 - 9 所示为用 G90 指令加工台阶孔，其加工程序见表 6 - 3。

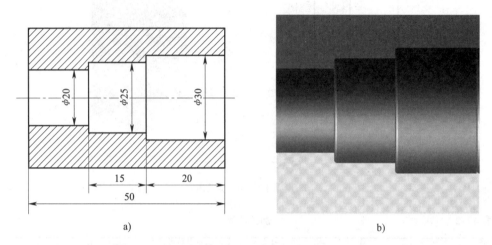

图 6 - 9 用 G90 指令加工台阶孔

a）零件图 b）实物图

表 6 - 3 加工程序

程序	说明
O0001；	
N10 M03 T0101 S500 G99；	以 500 r/min 的转速启动主轴正转，选择 1 号刀及 1 号刀补
N20 G00 X15.0 Z10.0；	快速移到定刀点
N30 X19.0 Z5.0；	移到循环起始点
N40 G90 X25.0 Z - 35.0 F0.1；	加工 ϕ25 mm 的孔
N50 X30.0 Z - 20.0；	加工 ϕ30 mm 的孔
N60 G00 X100.0 Z100.0；	退刀
N70 M05；	主轴停止
N80 M30；	程序结束并复位

（2）加工锥孔

用 G90 指令还可以加工带有锥度的内孔，粗车后为精车留有一定的精车余量，指令书写格式如下：

G90 X（U）__ Z（W）__ R __ F __；

用 G90 指令加工锥孔的运动轨迹如图 6 - 10 所示。

采用 G90 指令加工如图 6 - 11 所示的零件中的锥孔，加工程序见表 6 - 4。

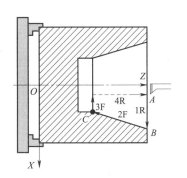

图 6 – 10　用 G90 指令加工锥孔的运动轨迹

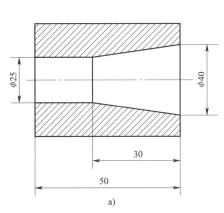

a)

b)

图 6 – 11　用 G90 指令加工锥孔

a) 零件图　b) 实物图

表 6 – 4　　　　　　　　　　　　　　　加工程序

程序	说明
O0001；	
N10 M03 T0101 S500 G99；	主轴以 500 r/min 的转速正转，选择 1 号刀及 1 号刀补
N20 G00 X15.0 Z10.0；	快速移到定刀点
N30 X20.0 Z0；	移到循环起始点
N40 G90 X25.0 Z – 30.0 R2.5 F0.1；	背吃刀量为 5 mm，循环加工
N50 R5.0；	
N60 R7.5；	
N70 G00 Z10.0；	退刀
N80 G00 X100.0 Z100.0；	快速退刀
N90 M05；	主轴停止
N100 M30；	程序结束并复位

四、简单内孔零件加工

编制如图 6 – 12 所示带内孔的零件的加工程序并进行加工。毛坯采用 φ45 mm × 150 mm

的棒料（可沿用上节课练习用料），材料为 45 钢。

该零件加工部位包括端面、外圆和内孔。在编程指令的使用上采用上面介绍的基本指令和循环指令均可完成该零件的加工。在加工路径的设定中，一定要注意换刀点的设定以及加工孔时内孔车刀的路线，以防止加工过程中刀具与工件产生碰撞。

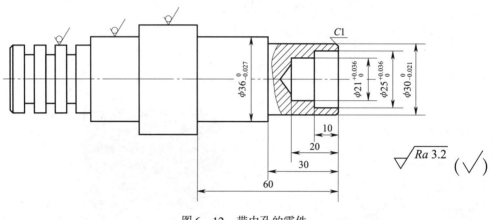

图 6-12　带内孔的零件

1. 加工工艺分析

（1）编程原点的确定

以工件右端面与轴线的交点处作为编程原点。

（2）制定加工路线

先车端面→钻 $\phi19$ mm 的底孔→粗车 $\phi36_{-0.027}^{0}$ mm 和 $\phi30_{-0.021}^{0}$ mm 的外圆→精车倒角→精车 $\phi30_{-0.021}^{0}$ mm 的外圆至尺寸→精车 $\phi36_{-0.027}^{0}$ mm 的外圆至尺寸→粗、精车 $\phi21_{0}^{+0.036}$ mm 和 $\phi25_{0}^{+0.036}$ mm 的内孔。

2. 工件的装夹

采用三爪自定心卡盘装夹工件，如图 6-13 所示。

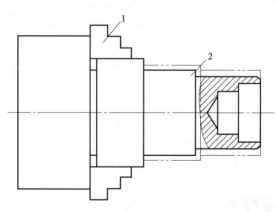

图 6-13　工件的装夹

1—三爪自定心卡盘　2—工件

3. 填写工艺卡片

（1）确定加工工艺，填写数控加工工艺卡，见表6－5。

表6－5 数控加工工艺卡

工序	名称	工艺要求		操作者	备注
1	下料	$\phi45$ mm $\times 150$ mm			
2	数控车	工步	工步内容	刀具号	
		1	车端面	T01	
		2	钻孔	钻头	
		3	粗车 $\phi36_{-0.027}^{0}$ mm 的外圆	T01	
		4	粗车 $\phi30_{-0.021}^{0}$ mm 的外圆	T01	
		5	倒角	T02	
		6	精车 $\phi30_{-0.021}^{0}$ mm 的外圆	T02	
		7	精车 $\phi36_{-0.027}^{0}$ mm 的外圆	T02	
		8	粗车 $\phi21_{0}^{+0.036}$ mm 和 $\phi25_{0}^{+0.036}$ mm 的孔	T03	
		9	精车 $\phi21_{0}^{+0.036}$ mm 和 $\phi25_{0}^{+0.036}$ mm 的孔	T03	
3	检验				

（2）切削用量及刀具选择见表6－6。

表6－6 切削用量及刀具选择

刀具号	刀具规格及名称	数量	加工内容	主轴转速/（r/min）	进给速度/（mm/r）	备注
T01	90°外圆粗车刀	1	车端面、外圆	500	0.2	
T02	90°外圆精车刀	1	车工件外轮廓	800	0.1	
T03	内孔车刀	1	车内孔	500	0.15、0.1	

4. 编写加工程序

零件加工程序见表6－7。

表6－7 零件加工程序

程序	说明
O0001；	
N10 M03 S500 T0101 G99；	主轴正转，转速为500 r/min，选择1号刀及1号刀补
N20 G00 X50.0 Z2.0；	移到车端面定刀点

续表

程序	说明
N30 G94 X0 Z0 F0.1;	端面循环车削
N40 G00 X45.0 Z2.0;	移到粗车定刀点
N50 G90 X37.0 Z−60.0 F0.2;	粗车循环
N60 X31.0 Z−30.0;	
N70 G00 X100.0 Z100.0;	快速退刀
N80 T0202 S800;	换 2 号刀及 2 号刀补，准备精车
N90 G00 X50.0 Z5.0;	快速移到定刀点
N100 G00 X28.0;	
N110 G01 Z0 F0.1;	移到精车起刀点
N120 X30.0 Z−1.0;	倒角
N130 Z−30.0;	精加工 $\phi30_{-0.021}^{0}$ mm 的外圆
N140 X36.0;	退刀
N150 Z−60.0;	精加工 $\phi36_{-0.027}^{0}$ mm 的外圆
N160 X45.0;	退刀
N170 G00 X100.0 Z100.0;	快速退刀
N180 T0303 S500;	换 3 号刀及 3 号刀补，准备车孔
N190 G00 X15.0 Z10.0;	快速移到定刀点
N200 X18.0 Z5.0;	移到循环起始点
N210 G90 X20.5 Z−20.0 F0.15;	车孔循环
N220 X24.5 Z−10.0;	精加工余量为 0.5 mm
N230 G00 X25.0;	移到精加工定刀点
N240 G01 Z−10.0 F0.1;	精加工 $\phi25_{0}^{+0.036}$ mm 的内孔
N250 X21.0;	退刀
N260 Z−20.0;	精加工 $\phi21_{0}^{+0.036}$ mm 的内孔
N270 X19.0;	退刀
N280 G00 Z10.0;	退刀
N290 G00 X100.0 Z100.0;	快速退刀
N300 M05;	主轴停止
N310 M30;	程序结束并复位

五、内孔加工质量分析

用数控车床加工孔的过程中经常遇到的加工和质量问题有多种，常见问题的产生原因和解决方法见表 6 – 8。

表 6 – 8   孔加工常见问题的产生原因和解决方法

现象	产生原因	解决方法
孔径尺寸超差 1—合格线 2—超差线	1. 刀具数据不准确 2. 切削用量选择不当，产生让刀现象 3. 加工程序错误 4. 工件尺寸计算错误	1. 调整或重新设定刀具数据 2. 合理选择切削用量 3. 检查、修改加工程序 4. 正确计算工件尺寸
内孔形状精度达不到要求 	1. 主轴本身间隙过大 2. 加工程序错误 3. 装夹时把工件夹扁 4. 车刀磨损	1. 调整主轴间隙 2. 检查、修改加工程序 3. 正确装夹工件 4. 修磨车刀
内孔端面相互位置精度达不到要求 	1. 中滑板导轨与主轴中心线不垂直 2. 主轴轴向窜动 3. 刀具磨损，切削力增大 4. 加工程序错误	1. 调整机床 2. 调整主轴 3. 修磨、更换刀具 4. 检查、修改加工程序
内孔表面粗糙度达不到要求 	1. 车刀磨损 2. 切削速度选用不当 3. 切削液选用不当 4. 产生积屑瘤 5. 刀具中心过高 6. 被切屑划伤	1. 修磨车刀 2. 合理选择切削用量 3. 合理选择切削液 4. 选择合适的切削速度 5. 正确装夹车刀 6. 合理排屑

第二节　复杂内轮廓加工

当零件的余量较大或车台阶较大的零件时，必须重复多次加工才能加工到规定的尺寸。利用复合形状固定循环功能，只需编写出最终走刀路线，给出每次切除余量或循环次数，机床即可自动决定粗加工时的刀具路径，完成重复切削，直至加工完毕。

一、内、外圆粗车复合固定循环（G71）

指令书写格式为：

G71 U（Δd）R（e）；

G71 P（ns）Q（nf）U（Δu）W（Δw）F＿ S＿ T＿；

Δu——X 轴方向精车余量的大小和方向，用直径量指定。该加工余量具有方向性，即外圆的加工余量为正，内孔的加工余量为负。

G71 指令适用于加工轴向尺寸大、径向尺寸小的内孔，如图 6－14 所示为用 G71 指令加工台阶孔，加工程序见表 6－9。

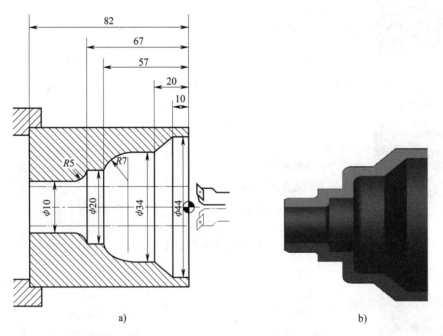

图 6－14　用 G71 指令加工台阶孔

a）零件图　b）三维立体图

表 6 - 9   加工程序

程序	说明
O0003；	
N10 M03 T0101 S600 G99；	主轴正转，转速为 600 r/min，选择 1 号刀及 1 号刀补
N20 G00 X45.0 Z10.0；	快速移到定刀点
N30 X6.0 Z5.0；	快速移到循环起始点
N40 G71 U1.0 R0.2；	粗车复合循环
N50 G71 P60 Q150 U - 0.5 F0.3；	
N60 G00 X44.0；	精加工轮廓起始行
N70 G01 Z1.0 F0.1；	
N80 Z - 10.0；	精加工 ϕ44 mm 的内孔
N90 X34.0 Z - 20.0；	精加工锥面
N100 Z - 50.0；	精加工 ϕ34 mm 的内孔
N110 G03 X20.0 Z - 57.0 R7.0；	精加工 R7 mm 的圆弧
N120 Z - 67.0；	精加工 ϕ20 mm 的内孔
N130 G02 X10.0 W - 5.0 R5.0；	精加工 R5 mm 的圆弧
N140 Z - 83.0；	精加工 ϕ10 mm 的内孔
N150 X8.0；	退刀
N160 G70 P60 Q150；	精加工循环指令
N170 G00 Z10.0；	
N180 G00 X100.0 Z100.0；	快速退刀
N190 M05；	主轴停止
N200 M30；	程序结束并复位

二、深孔钻削循环（G74）

当需要加工深孔时，如果采用一次钻削将会缩短刀具寿命，降低工件的加工精度，因此常采用深孔钻削循环。

1. 指令书写格式

G74 R（e）__；

G74 X（U）__ Z（W）__ P（Δi）Q（Δk）R（Δd）F __；

2. 指令说明

e——回退量，该值为模态值，可由程序指令修改设定；

X __——最大切深点的 X 轴坐标，通常不指定；

Z __——最大切深点的 Z 轴坐标；

Δi——X 轴方向的进给量（不带符号，单位为 μm），通常不指定；

Δk——每次加工深度（不带符号，单位为 μm）；

Δd——刀具在切削到底部时的退刀量，通常不指定；

F __ ——进给速度。

欲加工如图 6 - 15 所示的深孔，用深孔钻削循环指令编程，其中 $e = 1$ mm，$\Delta k = 20$ mm，$f = 0.1$ mm/r，加工程序见表 6 - 10。

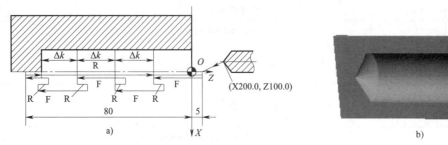

图 6 - 15　深孔钻削循环加工

a）零件图　b）三维立体图

表 6 - 10　　　　　　　　　　　加工程序

程序	说明
O0001;	
N10 M03 S100 T0202 G99;	主轴正转，转速为 100 r/min，选择 2 号刀及 2 号刀补
N20 G00 X200.0 Z100.0 M08;	快速移到定刀点
N30 G00 X0 Z1.0;	快速移到循环起始点
N40 G74 R1.0;	回退量为 1 mm
N50 G74 Z - 80.0 Q20000 F0.1;	钻孔，深 80 mm，每次钻 20 mm，进给速度为 0.1 mm/r
N60 G00 X200.0 Z100.0 M09;	快速退刀
N70 M05;	主轴停止
N80 M30;	程序结束并复位

> **提示**
>
> 1. 循环指令定刀点的位置不能出错，否则会引起外圆和内孔加工方向的误差。
> 2. 在复合切削循环中不能调用子程序。
> 3. 在 G71 指令中，注意精加工余量 U 值为负值，反之就会出现尺寸误差。

三、程序编制方法

编制如图 6 - 16 所示塑料碗模具的加工程序并进行加工。

由于该零件内轮廓表面较为复杂，无法采用 G90 或 G94 指令编程以去除粗加工余量，因此，这里选用外圆（内孔）粗车复合循环指令 G71 进行编程及加工，其加工程序见表 6 - 11。

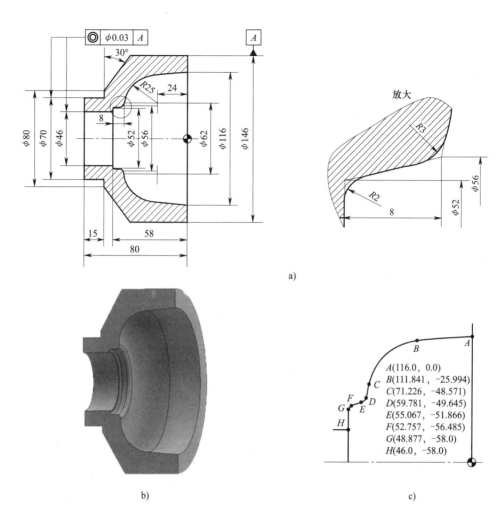

图 6-16 塑料碗模具

a）零件图 b）实物图 c）基点坐标

表 6-11 塑料碗模具加工程序

程序	说明
O0001;	
N10 M03 T0101 S600 G99;	主轴正转，转速为 600 r/min，选择 1 号刀及 1 号刀补
N20 G00 X100.0 Z100.0;	快速移到定刀点
N30 X38.0 Z3.0;	快速移到循环起始点
N40 G71 U1.0 R0.5;	外圆粗车复合循环
N50 G71 P60 Q160 U-0.5 F0.3;	
N60 G00 X116.0;	精加工轮廓起始行
N70 G01 Z0 F0.15;	进刀至端面
N80 X111.841 Z-25.994;	精加工锥面

续表

程序	说明
N90 G03 X71.266 Z－48.571 R25.0；	精加工 R25 mm 的圆弧
N100 G01 X59.781 Z－49.645；	精加工锥面
N110 G02 X55.067 Z－51.866 R3.0；	精加工 R3 mm 的圆弧
N120 G01 X52.757 Z－56.485；	精加工锥面
N130 G03 X48.877 Z－58.0 R2.0；	精加工 R2 mm 的圆弧
N140 G01 X46.0；	精加工端面
N150 Z－82.0；	精加工 φ46 mm 的内孔
N160 X38.0；	退刀
N170 G70 P60 Q160；	精加工循环指令
N180 G00 Z10.0；	
N190 G00 X100.0 Z100.0；	快速退刀
N200 M05；	主轴停止
N210 M30；	程序结束并复位

思考与练习

1. 如何正确选择内孔车刀？

2. 常见内孔加工的问题有哪些？

3. 零件图如题图 6－1 所示，试编写加工程序。

4. 零件图如题图 6－2 所示，试用深孔钻削循环指令 G74 编写加工程序。

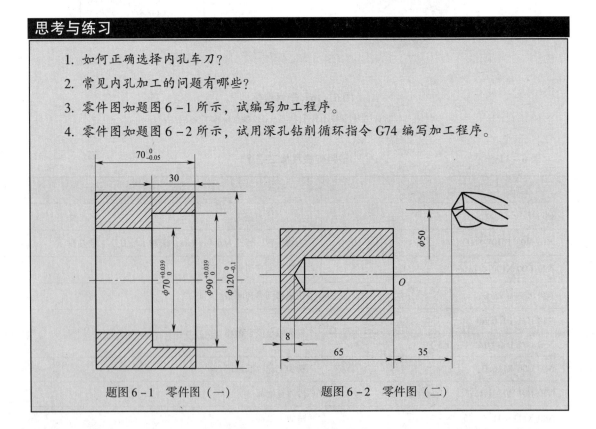

题图 6－1　零件图（一）　　　　题图 6－2　零件图（二）

第七章 螺 纹 加 工

在各种机械产品中，带有螺纹的零件应用广泛。因此，在数控车削加工中经常会遇到各种带有螺纹的零件。车削螺纹是常用的螺纹加工方法，也是数控加工的基本技能之一。如图 7 – 1 所示为典型的螺纹类零件。本章主要介绍螺纹加工的特点、工艺的确定、指令的应用、程序的编制以及加工质量的分析等。

a)　　　　　　　　　　　　　　　　　　　　b)

图 7 – 1　螺纹类零件

a）外螺纹　b）内螺纹

第一节　等螺距螺纹加工

一、螺纹加工

螺纹加工是数控车床常见的加工任务，螺纹加工实际上是由刀具的直线运动和主轴按预先输入的比例转速同时运动而完成的。如图 7 – 2 所示，按规格及用途不同，螺纹分为普通螺纹（牙型角为 60°）、英制螺纹（牙型角为 55°）和管螺纹（牙型角为 55°）。螺纹按牙型不同分为三角形螺纹、梯形螺纹、矩形螺纹等，如图 7 – 3 所示。按螺纹在零件上的形状和位置不同分为圆柱螺纹、锥面螺纹、端面螺纹等。

1. 螺纹零件的装夹

在螺纹切削过程中，无论采用哪种进刀方式，螺纹切削刀具经常有两个或者两个以上的切削刃同时参与切削。与槽加工相似，螺纹加工同样会产生较大的径向切削力，容易使工件产生松动。

因此，装夹螺纹类零件时建议采用软卡爪且增大夹持面或者一夹一顶的装夹方式，以保证在螺纹切削过程中不会出现因工件松动而导致螺纹乱牙、工件报废的现象。

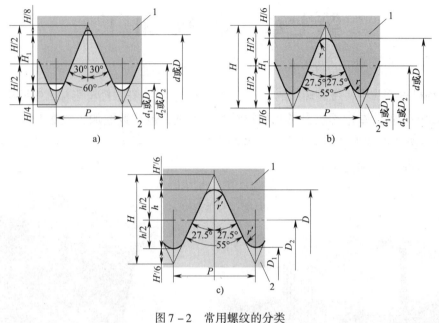

图 7 – 2　常用螺纹的分类

a）普通螺纹　b）英制螺纹　c）管螺纹

1—内螺纹　2—外螺纹

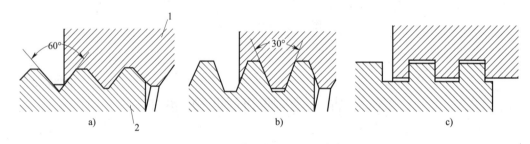

图 7 – 3　常用螺纹牙型的分类

a）三角形螺纹　b）梯形螺纹　c）矩形螺纹

1—螺母　2—螺栓

2. 刀具选择与进刀方式

通常螺纹刀具切削部分的材料分为硬质合金和高速钢两类。刀具分为整体式、焊接式和机械夹固式三种类型。

用数控车床车削普通螺纹时一般选用精密级机夹可转位不重磨螺纹车刀，这种螺纹车刀要根据螺纹的螺距选择刀片的型号，每种规格的刀片只能加工一个固定的螺距。如图 7 – 4 所示为数控螺纹车刀及加工的零件。

对于其他牙型的螺纹刀具，可根据需要到刀具生产厂家订货或者自行刃磨。刀具材料和几何角度应满足粗加工、精加工、工件材料、切削环境等方面的要求。粗加工工件材料加工性能一般、牙型截面尺寸较大的螺纹时，可采用硬质合金刀具；工件加工性能良好、精加工

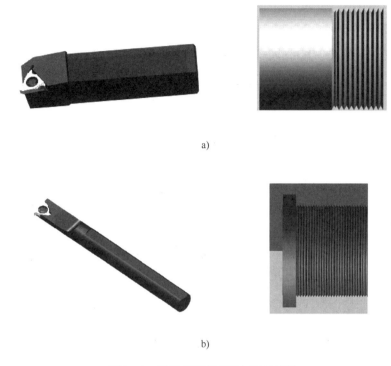

图 7 - 4　数控螺纹车刀及加工的零件

a）外螺纹车刀及零件　b）内螺纹车刀及零件

螺纹、断续切削等条件下可采用高速钢刀具。选择刀具的几何形状与角度时要考虑牙型和螺纹升角的影响。

螺纹加工的进刀方式主要有直进法、左右切削法和斜进法三种，如图 7 - 5 所示。其选用的主要依据是：在切削过程中避免因螺纹牙型截面尺寸较大，导致在螺纹背吃刀量较大的情况下多条切削刃同时参加切削而出现扎刀现象。这是因为在数控加工中进刀方式的选择还要靠螺纹加工指令来实现，详细内容在螺纹加工指令中介绍。

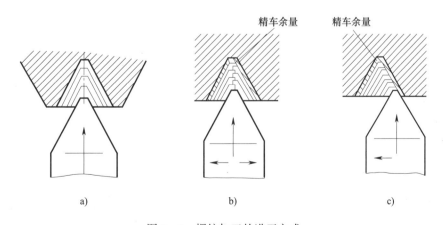

图 7 - 5　螺纹加工的进刀方式

a）直进法　b）左右切削法　c）斜进法

3. 切削用量的选择

（1）背吃刀量的选择

在螺纹加工中，背吃刀量 a_p 等于螺纹车刀切入工件表面的深度。如果其他切削刃同时参与切削，背吃刀量 a_p 应为各切削刃切入深度之和。由此可以看出，随着螺纹车刀的每次切入，背吃刀量在逐步增大。受螺纹牙型截面大小和深度的影响，车削螺纹时的背吃刀量可能是非常大的，要合理选择螺纹加工时的切削用量，必须合理选择切削速度和进给量。

车削螺纹时的进给量相当于加工中的每次切深。车削螺纹时每次切深的确定要综合考虑工件材料、工件刚度、刀具材料和刀具强度等诸多因素，依靠经验并通过试车来确定，目前还没有科学的确定方法。每次切深过小会增加进给次数，影响切削效率，同时加剧刀具的磨损；过大又容易出现扎刀、崩刃及螺纹掉牙现象。为避免上述现象的发生，螺纹加工的每次切深一般都选择递减型的。即随着螺纹深度步步加深，背吃刀量越来越大，因此要相应减小进给量。在螺纹切削复合循环指令当中，同样也经常采用递减的方式。常用螺纹切削的进给次数与背吃刀量参见表 7-1。

表 7-1　　　　　　　　　　常用螺纹切削的进给次数与背吃刀量

米制螺纹							
螺距/mm	1	1.5	2	2.5	3	3.5	4
牙深（半径值）/mm	0.694	0.974	1.299	1.624	1.949	2.273	2.598
切削次数及背吃刀量（直径值）/mm　1 次	0.7	0.8	0.9	1	1.2	1.5	1.5
2 次	0.4	0.6	0.6	0.7	0.7	0.7	0.8
3 次	0.2	0.4	0.6	0.6	0.6	0.6	0.6
4 次		0.16	0.4	0.4	0.4	0.6	0.6
5 次			0.1	0.4	0.4	0.4	0.4
6 次				0.15	0.4	0.4	0.4
7 次					0.2	0.2	0.4
8 次						0.15	0.3
9 次							0.2

英制螺纹							
牙/in	24	18	16	14	12	10	8
牙深（半径值）/mm	0.698	0.904	1.062	1.162	1.35	1.63	2.033
切削次数及背吃刀量（直径值）/mm　1 次	0.8	0.8	0.8	0.8	0.9	1	1.2
2 次	0.4	0.6	0.6	0.6	0.6	0.7	0.7
3 次	0.16	0.3	0.5	0.5	0.6	0.6	0.6
4 次		0.11	0.14	0.3	0.4	0.4	0.5
5 次				0.13	0.21	0.4	0.5
6 次						0.16	0.4
7 次							0.17

（2）转速的选择

1）主轴转速的影响因素。在螺纹车削过程中，主轴转速的选择受到下面几个因素的影响：

①螺纹加工程序段中指令的螺距值相当于以进给量 f（mm/r）表示的进给速度 F。如果主轴转速选择得过高，其换算后的进给速度（mm/min）必定大大超过正常值。

②刀具在位移过程的始末都受到伺服驱动系统升、降频率和数控装置插补运算速度的约束。由于升、降频率特性满足不了加工需要等原因，则可能引起进给运动产生的"超前"和"滞后"，从而导致部分螺距不符合要求。

③螺纹车削必须通过主轴的同步功能实现，因此需要有主轴脉冲发生器（编码器）。当主轴转速选择过高时，通过编码器发出的定位脉冲将可能因"过冲"而导致螺纹产生乱牙现象。因此，螺纹加工时主轴转速不宜选择过高，以避免在定位时因转速高产生惯性而导致"过冲"现象的发生。

2）主轴转速的确定原则。根据上述现象，螺纹加工时主轴转速的确定应遵循以下原则：

①在保证生产效率和正常切削的情况下应选择较低的主轴转速。

②当螺纹加工程序段中的升速进刀段（L_1）和降速退刀段（L_2）的长度值较大时，可选择适当高一些的主轴转速。

③当编码器所规定的允许工作转速超过机床所规定的主轴额定最高转速时，则可选择较低一些的主轴转速。

④车床的主轴转速将受到螺纹的螺距 P（或导程）大小，驱动电动机的升、降频特性以及螺纹插补运算速度等多种因素的影响。因此，对于不同的数控系统，推荐不同的主轴转速选择范围。大多数经济型数控车床推荐车螺纹时的主轴转速 n（r/min）为：

$$n \leqslant \frac{1\ 200}{P - k}$$

式中　P——被加工螺纹的螺距，mm；

　　　k——保险系数，一般取 80。

提示

　　在数控车床上进行加工时，尤其是精车时，要妥善考虑刀具的引入、切出路线，尽量使刀具沿轮廓的切线方向引入、切出，以免因切削力突然变化而产生弹性变形，致使光滑连接轮廓上产生表面划伤、形状突变或滞留刀痕等缺陷。车螺纹时，必须设置升速段 L_1 和降速段 L_2，这样可避免因车刀升速、降速而影响螺距的稳定，如图 7-6 所示为升速、降速对螺距的影响。

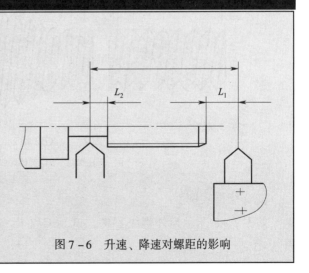

图 7-6　升速、降速对螺距的影响

二、常用螺纹加工指令

FANUC 0i 系统有关螺纹切削指令见表 7-2。

表 7-2 　　　　　　　　　　　　　　　螺纹切削指令

指令名称	应用格式	主要工艺用途
等螺距螺纹切削（G32）	G32 X（U）＿ Z（W）＿ F＿；	圆柱螺纹、圆锥螺纹
变螺距螺纹切削（G34）	G34 X（U）＿ Z（W）＿ F＿ K＿；	变螺距圆柱螺纹、圆锥螺纹
多头螺纹切削（G33）	G33 X（U）＿ Z（W）＿ F＿ Q＿；	多头螺纹、螺旋线
螺纹切削固定循环（G92）	G92 X（U）＿ Z（W）＿ R＿ F＿；	圆柱螺纹、圆锥螺纹的简化编程
螺纹切削复合循环（G76）	G76 P（m）（r）（α）Q（$\Delta d_{\min}$）R（d）； G76 X（U）＿ Z（W）＿ R（i）P（k）Q（Δd）F（P）；	梯形螺纹、大螺距三角形螺纹等

1. 等螺距螺纹切削指令（G32）

（1）指令书写格式

G32 X（U）＿ Z（W）＿ F＿；

X ＿、Z ＿——绝对值编程时，螺纹切削终点的工件坐标值；

U ＿、W ＿——增量值编程时，螺纹切削终点相对于起点的增量坐标值；

F ＿——轴向螺距。

用 G32 指令可以切削等螺距的圆柱螺纹、圆锥螺纹和端面螺纹，其适用范围如图 7-7 所示。

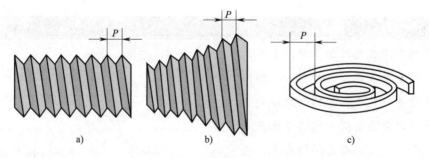

图 7-7　G32 指令的适用范围

a）圆柱螺纹　b）圆锥螺纹　c）端面螺纹

（2）编程实例

如图 7-8 所示为外螺纹零件，试用 G32 指令编写加工程序并进行加工，加工程序见表 7-3。

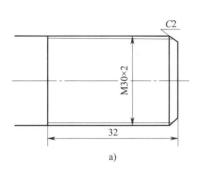
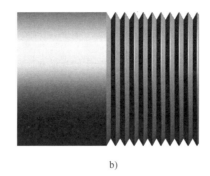

a)　　　　　　　　　　　　　　　　　　b)

图 7 - 8　外螺纹零件

a）零件图　b）三维立体图

表 7 - 3　　　　　　　　　　　　　　　加工程序

程序	说明
...	
N50 G00 X32.0 Z4.0;	快速定位
N60 G01 X29.0 F0.1;	直线进刀
N70 G32 X29.0 Z－32.0 F2.0;	车螺纹，直径为 29 mm，长为 32 mm
N80 G00 X32.0;	直线退刀
N90 G00 Z4.0;	沿 Z 轴方向快速退刀
N100 G01 X28.0 F0.1;	直线进刀
N110 G32 X28.0 Z－32.0 F2.0;	车螺纹，直径为 28 mm，长为 32 mm
N120 G00 X32.0;	直线退刀
N130 G00 Z4.0;	沿 Z 轴方向快速退刀
N140 G01 X27.40 F0.1;	直线进刀
N150 G32 X27.40 Z－32.0 F2.0;	车螺纹
N160 G00 X32.0;	直线退刀
N170 G00 Z100.0;	沿 Z 轴方向快速退刀
N180 X100.0;	沿 X 轴方向快速退刀
N190 M05;	主轴停止
N200 M30;	程序结束并复位

提示

1. 一般车削螺纹时，从粗车到精车，按同样的螺距进行多次车削。当安装在主轴上的位置编码器检测出一转信号后，开始螺纹的切削。因此，即使多次切削，工件圆周上的切削始点保持不变。但是，从粗车到精车，主轴的转速必须是一定的。当主轴转速发生变化时，车削螺纹时会出现乱牙现象。

2. 圆锥螺纹的车削如图 7-9 所示，当其锥角在 45°以下时，螺纹导程以 Z 轴方向的值指定；当其锥角在 45°以上时，螺纹导程以 X 轴方向的值指定。即：若 $\alpha \leqslant 45°$，导程为 P_{hz}；若 $\alpha \geqslant 45°$，导程为 P_{hX}。

3. 圆锥螺纹设计上多数没有退刀槽，在螺纹车削的程序编制中，降速退刀段 L_2 应考虑选取较大的数值。

4. R 值的计算应当注意包括 L_1 和 L_2 在内，且计算应准确。

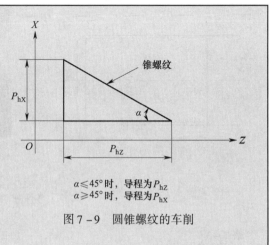

$\alpha \leqslant 45°$ 时，导程为 P_{hz}
$\alpha \geqslant 45°$ 时，导程为 P_{hX}

图 7-9　圆锥螺纹的车削

2. 螺纹切削固定循环指令（G92）

（1）指令书写格式

G92 X（U）＿Z（W）＿R＿F＿；

X ＿、Z ＿——绝对值编程时，螺纹切削终点的坐标值；

U ＿、W ＿——增量值编程时，螺纹切削终点相对于起点的增量坐标值；

R ＿——加工圆锥螺纹时，螺纹起点与终点的半径差；加工圆柱螺纹时 R 值为 0，可省略；

F ＿——轴向螺距。

用 G92 指令加工圆柱螺纹时的运动轨迹如图 7-10 所示。

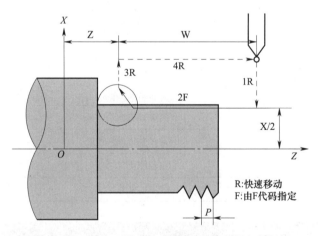

R:快速移动
F:由F代码指定

图 7-10　用 G92 指令加工圆柱螺纹时的运动轨迹

在增量值编程中，U 和 W 地址后数值的符号取决于轨迹 1 和 2 的方向。也就是说，如果轨迹 1 的方向沿 X 轴是负值，U 也是负值。螺纹范围、主轴转速的限制等都与 G32 指令（螺纹切削）相同。同时，该指令有螺纹自动收尾功能（斜向退刀），在零件加工过程中，从机床发出信号启动倒角开始，即距螺纹加工终点前 0.1 ~ 12.7 倍的螺距的位置开始，提前退刀直至螺纹加工终点，其具体数值由系统内部参数决定。

在单程序段工作方式下，要完成如图 7-10 所示的 1、2、3 和 4 的切削过程，必须一次次地按下循环启动按钮。

（2）编程实例

如图 7-11 所示为定位螺栓零件图，应用 G92 指令编制零件加工程序，见表 7-4。加工后的零件三维立体图如图 7-12 所示。

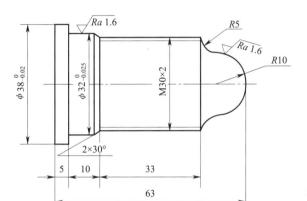

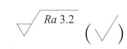

技术要求
1. 未注倒角为 C0.5，未注圆角为 R0.5。
2. 未注尺寸公差按 IT11 加工。

图 7-11　定位螺栓零件图

表 7-4　　　　　　　　　　　　　　零件加工程序

程序	说明
O0001；	
N10 M03 S500 T0101 G99；	调用 1 号 60°螺纹车刀（$P=2$ mm）及 1 号刀补
N20 G00 X40.0 Z5.0；	快速接近工件
N30 G92 X29.0 Z-47.0 F2.0；	螺纹循环车削第一刀
N40 X28.2；	螺纹循环车削第二刀
N50 X27.6；	螺纹循环车削第三刀
N60 X27.5；	螺纹循环车削第四刀
N70 X27.4；	螺纹循环车削第五刀
N80 G00 X100.0 Z100.0；	快速退刀
N90 M05；	主轴停止
N100 M30；	程序结束并复位

图 7-12　零件三维立体图

提示

1. 在螺纹切削循环期间（见图 7-10 中运动 2），按下进给暂停按钮时，刀具立即按斜线回退，先回到 X 轴起点，再回到 Z 轴起点，退刀路线如图 7-13 所示。

在回退期间，不能进行另外的进给暂停。倒角量与终点处的倒角量相同。

通过以上认识可以得出这样的结论，加工螺纹件较为实用、高效的是螺纹切削固定循环指令（G92）。

2. 采用 G92 指令时，外螺纹车削起始点的坐标值必须大于螺纹退刀点的坐标值。

例如：

G00 X40.0 Z5.0；（起始点）

G92 X30.0 Z-30.0（退刀点）R-5.0 F2.0；

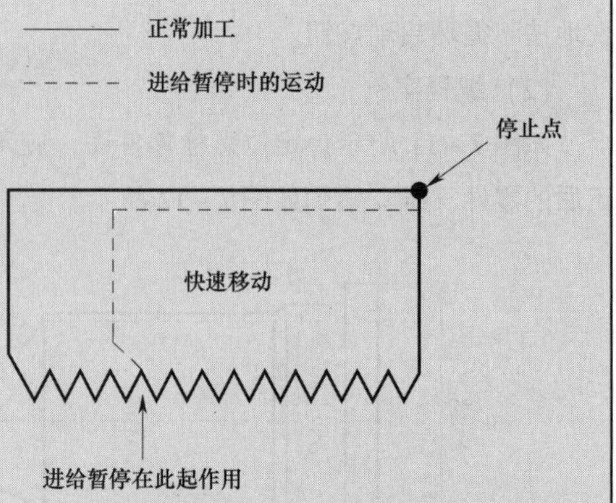

—— 正常加工

- - - - 进给暂停时的运动

停止点

快速移动

进给暂停在此起作用

图 7-13　螺纹切削循环期间暂停退刀路线

3. 用 G92 指令加工圆锥螺纹

螺纹切削固定循环指令（G92）还常用于圆锥螺纹的车削，指令书写格式如下：

G92 X（U）__ Z（W）__ R__ F__；

R __——圆锥螺纹起点和终点的半径差，加工圆柱螺纹时为零，可省略。其余各项指定与圆柱螺纹切削指令相同。

用 G92 指令加工圆锥螺纹时的运动轨迹如图 7-14 所示。

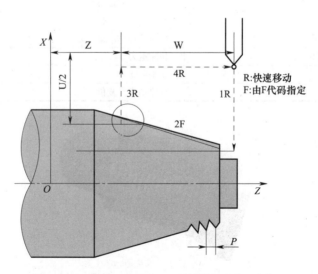

图 7-14　用 G92 指令加工圆锥螺纹时的运动轨迹

如图 7 – 15 所示为定位螺栓, 应用 G92 指令编制零件加工程序, 见表 7 – 5。

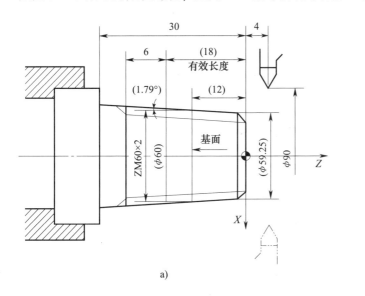

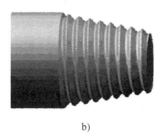

a) b)

图 7 – 15 定位螺栓

a) 零件图 b) 三维立体图

表 7 – 5 零件加工程序

程序	说明
O0001;	
N10 M03 S600 T0101 G99;	调用 1 号 60° 螺纹车刀 (P = 2 mm) 及 1 号刀补
N20 G00 X65.0 Z4.0;	快速接近工件
N30 G92 X59.7 Z – 24.0 R – 0.85 F2.0;	锥螺纹循环车削第一刀
N40 X59.1;	锥螺纹循环车削第二刀
N50 X58.5;	锥螺纹循环车削第三刀
N60 X58.2;	锥螺纹循环车削第四刀
N70 X58.0;	锥螺纹循环车削第五刀
N80 G00 X100.0 Z100.0;	快速退刀
N90 M05;	主轴停止
N100 M30;	程序结束并复位

三、简单三角形螺纹零件加工

编制如图 7 – 16 所示带外螺纹的轴类零件的加工程序并进行加工。毛坯采用 ϕ45 mm × 150 mm 的棒料 (可沿用上节课练习用料), 材料为 45 钢。

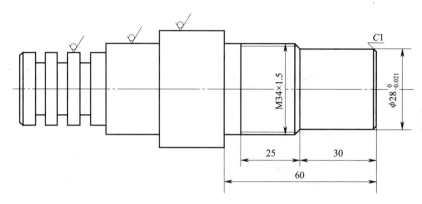

图 7 - 16 带外螺纹的轴类零件

该零件加工部位主要包括端面、倒角、外圆和螺纹。在加工路径的设定中，一定要注意换刀点的设定以及螺纹车刀的加工路线，以防止加工过程中刀具与工件产生碰撞。前面章节已经介绍了外圆、端面和倒角的加工指令，在这里主要介绍螺纹加工指令的应用。

1. 加工工艺分析

（1）编程原点的确定

以工件右端面与轴线的交点处作为编程原点。

（2）制定加工路线

先加工端面→粗车 $\phi28_{-0.021}^{0}$ mm 的外圆以及螺纹外圆→精车倒角→精车 $\phi28_{-0.021}^{0}$ mm 的外圆至尺寸→精车倒角→精车 M34 × 1.5 的螺纹外圆→车削 M34 × 1.5 的螺纹至尺寸。

2. 工件的装夹

采用三爪自定心卡盘装夹工件，如图 7 - 17 所示。

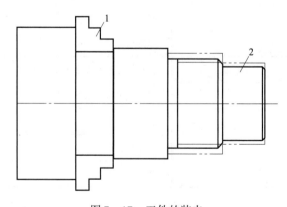

图 7 - 17 工件的装夹

1—三爪自定心卡盘 2—工件

3. 填写工艺卡片

（1）确定加工工艺，填写数控加工工艺卡，见表 7 - 6。

表 7-6   数控加工工艺卡

工序	名称	工艺要求		操作者	备注
1	下料	$\phi45$ mm × 150 mm			
2	数控车	工步	工步内容	刀具号	
		1	车端面	T01	
		2	粗车 M34 × 1.5 的螺纹外圆	T01	
		3	粗车 $\phi28 \, {}^{0}_{-0.021}$ mm 的外圆	T01	
		4	倒角	T02	
		5	精车 $\phi28 \, {}^{0}_{-0.021}$ mm 的外圆	T02	
		6	倒角	T02	
		7	精车 M34 × 1.5 的螺纹外圆	T02	
		8	车削 M34 × 1.5 的螺纹	T03	
3	检验				

（2）切削用量及刀具选择见表 7-7。

表 7-7   切削用量及刀具选择

刀具号	刀具规格及名称	数量	加工内容	主轴转速/ （r/min）	进给速度/ （mm/r）	备注
T01	90°外圆粗车刀	1	车端面、外圆	500	0.2	
T02	90°外圆精车刀	1	精车工件外轮廓	800	0.1	
T03	三角形螺纹车刀	1	车螺纹	500	1.5	

4. 编写加工程序

零件加工程序见表 7-8。

表 7-8   零件加工程序

程序	说明
O0001；	
N10 M03 S500 T0101 G99；	主轴正转，转速为 500 r/min，选择 1 号刀及 1 号刀补
N20 G00 X35.0 Z2.0；	移到车端面定刀点
N30 G94 X0 Z0 F0.2；	端面循环车削
N40 G00 X45.0 Z2.0；	移到粗车定刀点
N50 G90 X35.0 Z-60.0 F0.2；	粗车循环
N60 X29.0 Z-30.0；	
N70 G00 X100.0 Z100.0；	快速退刀
N80 T0202 S800；	换 2 号刀及 2 号刀补，准备精车
N90 G00 X50.0 Z5.0；	快速移到定刀点
N100 G00 X26.0；	

续表

程序	说明
N110 G01 Z0 F0.1；	移到精车起刀点
N120 X28.0 Z−1.0；	倒角
N130 Z−30.0；	精加工 $\phi 28^{\ 0}_{-0.021}$ mm 的外圆
N140 X31.0；	退刀
N150 X33.8 W−1.5；	
N160 Z−60.0；	精加工 $\phi 34$ mm 的外圆
N170 X45.0；	退刀
N180 G00 X100.0 Z100.0；	快速退刀
N190 T0303 S500；	换 3 号刀及 3 号刀补，准备车螺纹
N200 G00 X35.0 Z−25.0；	快速移到定刀点
N210 X33.0；	进刀
N220 G32 Z−55.0 F1.5；	车削螺纹
N230 G00 X35.0；	沿 X 轴方向退刀
N240 Z−25.0；	沿 Z 轴方向快速退刀
N250 X32.5；	第二次进刀
N260 G32 Z−55.0 F1.5；	车削螺纹
N270 G00 X35.0；	沿 X 轴方向退刀
N280 Z−25.0；	沿 Z 轴方向快速退刀
N290 X32.05；	第三次进刀
N300 G32 Z−55.0 F1.5；	车螺纹
N310 G00 X35.0；	沿 X 轴方向退刀
N320 G00 X100.0 Z100.0；	快速退刀
N330 M05；	主轴停止
N340 M30；	程序结束并复位

四、螺纹加工质量分析

螺纹加工中经常遇到的加工和质量问题有多种情况，常见问题的产生原因和解决方法见表 7−9。

表 7−9　　　　　　　　螺纹加工常见问题的产生原因和解决方法

现象	产生原因	解决方法
切削过程产生振动	1. 工件装夹不正确 2. 刀具安装不正确 3. 切削参数不正确	1. 检查工件装夹情况，提高装夹刚度 2. 调整刀具安装位置 3. 提高或降低切削速度

续表

现象	产生原因	解决方法
螺纹牙顶呈刀口状	1. 刀具角度选择错误 2. 螺纹外径尺寸过大 3. 车螺纹时背吃刀量过大	1. 选择正确的刀具 2. 检查并选择合适的工件外径尺寸 3. 减小螺纹背吃刀量
螺纹牙型过平	1. 刀具中心错误 2. 车螺纹时背吃刀量不够 3. 刀具牙型角度过小 4. 螺纹外径尺寸过小	1. 选择合适的刀具并调整刀具中心高度 2. 计算并增大背吃刀量 3. 修磨螺纹车刀 4. 检查并选择合适的工件外径尺寸
螺纹牙型底部圆弧过大	1. 刀具选择错误 2. 刀具磨损严重	1. 选择正确的刀具 2. 重新刃磨或更换刀片
螺纹牙型底部过宽	1. 刀具选择错误 2. 刀具磨损严重 3. 螺纹有乱牙现象	1. 选择正确的刀具 2. 重新刃磨或更换刀片 3. 检查加工程序中有无导致乱牙的原因；检查主轴脉冲编码器是否松动、损坏；检查 Z 轴丝杠是否有窜动现象
螺纹牙型半角不正确	刀具安装角度不正确	调整刀具安装角度
螺纹表面质量差	1. 切削速度过低 2. 刀具中心过高 3. 切屑形状控制较差 4. 刀尖处产生积屑瘤 5. 切削液选用不合理	1. 调高主轴转速 2. 调整刀具中心高度 3. 选择合理的进给方式及背吃刀量 4. 选择合理的切削用量 5. 选择合适的切削液并充分喷注
螺距误差	1. 伺服系统滞后效应 2. 加工程序不正确	1. 增大切削螺纹时升速段、降速段的长度 2. 检查、修改加工程序

第二节　变螺距螺纹加工

变螺距螺纹在日常生活中并不多见，但是在专用设备上却经常见到，如在墙体挤出机的推进器零件上。如果在普通车床上加工变螺距螺纹，必须对车床进行改装，车床整体将被破坏，并且增加成本。但是，在数控车床上加工就十分方便，可以利用变螺距螺纹加工指令 G34 方便地进行变螺距螺纹的加工。

一、指令书写格式

G34 X（U）＿ Z（W）＿ F ＿ K ＿；

X ＿、Z ＿——绝对值编程时，螺纹切削终点的工件坐标值；

U ＿、W ＿——增量值编程时，螺纹切削终点相对于起点的增量坐标值；

F ＿——轴向螺距；

K ＿——主轴每转螺距的增量或减量，mm/r。

二、编程实例

如图 7 – 18 所示为变螺距螺杆零件图，用 G34 指令编写加工程序并进行加工，加工程序见表 7 – 10，加工后的三维立体图如图 7 – 19 所示。

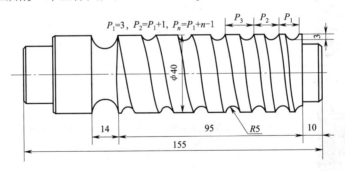

图 7 – 18　变螺距螺杆零件图

表 7 – 10　　　　　　　　　　　　　　加工程序

程序	说明
O0001；	
N10 T0101 S100 M03 G99；	调用 1 号球头车刀（R = 5 mm）及 1 号刀补
N20 G00 X60.0 Z3.0 M08；	快速接近螺纹车削起始点
N30 G01 X36.0 F0.3；	
N40 G34 Z – 114.0 F3.0 K1.0；	车第一刀

续表

程序	说明
N50 G00 X60. 0;	
N60 Z3. 0;	
N70 X34. 0;	
N80 G34 Z – 114. 0 F3. 0 K1. 0;	车第二刀
N90 G00 X100. 0 Z100. 0 M09;	快速退刀
N100 M05;	主轴停止
N110 M30;	程序结束并复位

图 7 – 19　变螺距螺杆三维立体图

提示

1. G34 指令用于单指令段切削, 需用其他指令返回起始点后再进行下一次切削。

2. 螺距增减并不会增减螺旋槽的宽度, 这一点须在该指令的应用上加以注意。

3. 螺纹升速段内螺距的增量或减量要准确计算在内。

4. G34 指令可用于车削圆锥变螺距螺纹, 利用轴向分线法还可用于加工多线变螺距螺纹。

第三节　梯形螺纹加工

当零件的螺纹螺距较大时, 加工余量就会随之增大, 加工螺纹时就需要多次重复同一路径循环加工才能去除全部余量, 这样将使程序内存加大。为了简化编程工作, 数控系统同样提供了不同形式的固定循环功能, 以缩短程序的长度, 减少程序所占内存, 使程序得以简化。

一、多重复合螺纹切削指令 (G76)

在螺纹加工指令中实现斜进法和左右切削法进刀, 是避免出现扎刀现象的有效手段。多重复合螺纹切削指令 (G76) 就可以很好地实现这一功能, 现在讨论其指令的格式和应用, 并利用多重复合螺纹切削指令 (G76) 编制如图 7 – 20 所示梯形螺纹零件的加工程序。

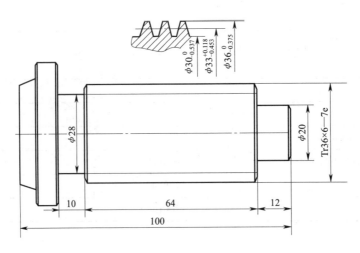

图 7 – 20　梯形螺纹零件图

1. 指令书写格式

G76 P $\underline{(m)(r)(\alpha)}$ Q $\underline{(\Delta d_{\min})}$ R $\underline{(d)}$;

G76 X（U）＿ Z（W）＿ R $\underline{(i)}$ P $\underline{(k)}$ Q $\underline{(\Delta d)}$ F $\underline{(P)}$;

m——精加工重复次数（1～99），该值是模态值，可由程序指令设定；

r——倒角量，当螺距由 P 表示时，可以从 0.01P 到 9.9P 设定，单位为 0.01P（两位数从 00 到 99），该值是模态值，可由程序指令设定；

α——刀尖角度，可以选择 80°、60°、55°、30°、29°和 0°六种中的一种，由两位数规定，该值是模态值，用程序指令改变 m、r 和 α，用地址 P 同时指定；

例如，当 $m=2$，$r=1.2P$，$\alpha=60°$时，指令书写格式为 "P021260"；

$\Delta d_{\min}$——最小背吃刀量（用半径值指定，单位为 μm），当一次循环运行的背吃刀量小于此值时，背吃刀量执行此值，该值是模态值，可由程序指令设定；

d——精加工余量，该值是模态值，可由程序指令设定，μm；

i——螺纹半径差，如果 $i=0$，可以进行普通圆柱螺纹的切削；

k——螺纹牙型高度，用半径值指定，μm；

Δd——第一刀背吃刀量，用半径值指定，μm；

P——螺距。

2. 指令说明

如图 7 – 21 所示为 G76 指令的循环路线和进刀方式。

3. 编程实例

用 G76 指令编制如图 7 – 20 所示梯形螺纹零件的加工程序。

其中：精加工次数为 2，斜向退刀量取 10，实际退刀量为一个导程（螺距），刀尖角为 30°，最小背吃刀量取 0.02 mm，即 20，精加工余量为 0.1 mm，螺纹半径差为 0，牙型高度

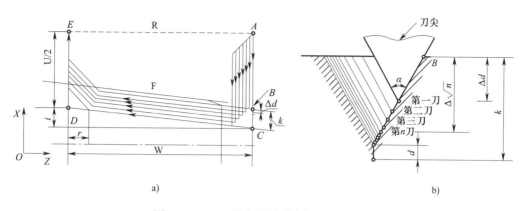

图 7 - 21　G76 指令的循环路线和进刀方式

a）循环路线　b）进刀方式

计算为 3.5 mm，第一次背吃刀量为 0.7 mm，螺距为 6 mm，螺纹小径为 29.0 mm，螺纹终点坐标为（29.0，-81.0）。

梯形螺纹加工程序见表 7 - 11，加工后的三维立体图如图 7 - 22 所示。

表 7 - 11　　　　　　　　　　　　　　　梯形螺纹加工程序

程序	说明
O0001；	
N10 T0101 S100 M03 G99；	调用 1 号 T 形螺纹车刀（$P = 6$ mm）及 1 号刀补
N20 G00 X60.0 Z12.0 M08；	快速接近螺纹车削起始点
N30 G76 P021030 Q20 R100；	多重复合螺纹循环
N40 G76 X29.0 Z - 81.0 P3500 Q700 F6.0；	
N50 G00 X100.0 Z100.0 M09；	快速返回换刀点
N60 M05；	主轴停止
N70 M30；	程序结束并复位

图 7 - 22　梯形螺纹三维立体图

> **提示**
>
> 1. 斜进法进刀方式适用于中、小螺距的普通螺纹或梯形螺纹的加工，不适用于加工截面尺寸过大的螺纹。
>
> 2. 加工时要选择与螺纹截面形状相同、角度一致的螺纹刀具。
>
> 3. 由于该指令较为复杂，不易记忆，应用时须参阅编程说明书，以防止程序出错。简单螺纹的加工可采用其他螺纹循环指令。

二、梯形螺纹零件加工

编制如图 7 – 23 所示的带梯形螺纹的轴类零件的加工程序并进行加工。毛坯采用 ϕ45 mm × 150 mm 的棒料（可沿用上节课练习用料），材料为 45 钢。

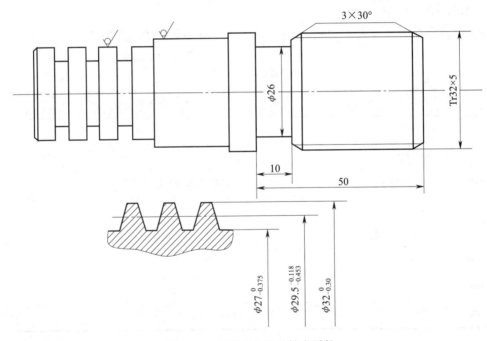

图 7 – 23　带梯形螺纹的轴类零件

1. 加工工艺分析

（1）编程原点的确定

以工件右端面与轴线的交点处作为编程原点。

（2）制定加工路线

先加工端面→粗、精车 Tr32 × 5 的螺纹外圆→车螺纹退刀槽→车削 Tr32 × 5 的螺纹至尺寸。

2. 工件的装夹

采用三爪自定心卡盘装夹工件，如图 7 – 24 所示。

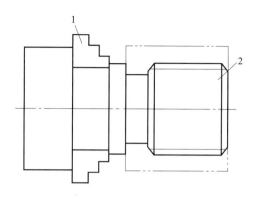

图 7 – 24 工件的装夹

1—三爪自定心卡盘 2—工件

3. 填写工艺卡片

（1）确定加工工艺，填写数控加工工艺卡，见表 7 – 12。

表 7 – 12 数控加工工艺卡

工序	名称	工艺要求		操作者	备注
1	下料	ϕ45 mm×150 mm			
2	数控车	工步	工步内容	刀具号	
		1	车端面	T01	
		2	粗、精车 Tr32×5 的螺纹外圆	T01	
		3	换刀，车螺纹退刀槽	T02	
		4	换刀，车削 Tr32×5 的螺纹	T03	
3	检验				

（2）切削用量及刀具选择见表 7 – 13。

表 7 – 13 切削用量及刀具选择

刀具号	刀具规格及名称	数量	加工内容	主轴转速/（r/min）	进给速度/（mm/r）	备注
T01	90°外圆粗车刀	1	车端面、外圆	500	0.2、0.1	
T02	车槽刀（刀头宽度为 4 mm）	1	车螺纹退刀槽	400	0.1	
T03	梯形螺纹车刀	1	车螺纹	100	5.0	

4. 编写加工程序

零件加工程序见表 7 – 14。

表 7 – 14   零件加工程序

程序	说明
O0001；	
N10 M03 S500 T0101 G99；	主轴正转，转速为 500 r/min，选择 1 号刀及 1 号刀补
N20 G00 X35.0 Z2.0；	移到车端面定刀点
N30 G94 X0 Z0 F0.2；	端面循环车削
N40 G00 X45.0 Z2.0；	移到粗车定刀点
N50 G90 X33.0 Z – 50.0 F0.2；	车削螺纹外圆
N60 X31.80 Z – 50.0；	
N70 G00 X100.0 Z100.0；	快速退刀
N80 T0202 S400；	换 2 号刀及 2 号刀补，准备车槽
N90 G00 X50.0 Z5.0；	快速移到定刀点
N100 G00 X36.0 Z – 44.0；	移到车槽起刀点
N110 G94 X26.0 W0 F0.1；	单一循环车槽
N120 W – 3.0；	
N130 W – 6.0；	
N140 G00 X100.0 Z100.0；	快速退刀
N150 T0303 S100；	换 3 号刀及 3 号刀补，准备车螺纹
N160 G00 X35.0 Z10.0；	快速移到定刀点
N170 G76 P021030 Q20 R100；	多重复合螺纹循环
N180 G76 X26.0 Z – 45.0 P3000 Q500 F5.0；	
N190 G00 X100.0 Z100.0；	快速退刀
N200 M05；	主轴停止
N210 M30；	程序结束并复位

第四节　多线螺纹加工

在各类机械零件中，为便于拆卸零部件或改变传动零件的传动比，多线螺纹成为比较常见的螺纹形式之一。除了 G32、G92 和 G76 螺纹切削指令外，数控系统还配置了直接用于多线螺纹切削的指令 G33。

一、多线螺纹切削指令（G33）的书写格式

G33 X(U) __ Z(W) __ F __ P __；

X __、Z __ ——绝对值编程时，螺纹切削终点的工件坐标值；

U __、W __ ——增量值编程时，螺纹切削终点相对于起点的增量坐标值；

F __ ——轴向导程；

P __ ——螺纹线数和起始角，非模态值，每次使用时必须指定。不能指定小数。

如图 7 – 25 所示为多线螺纹切削指令的应用，刀具从循环起点开始按矩形循环。

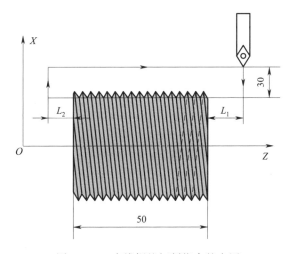

图 7 – 25　多线螺纹切削指令的应用

图 7 – 25 所示零件的导程为 9 mm，线数为 3 线，$L_1 = 8$ mm，$L_2 = 5$ mm，背吃刀量为 1.6 mm；采用多线螺纹切削指令 G33 编程，只编写最后精加工一刀的程序，加工程序见表 7 – 15。

表 7 – 15　　　　　　　　　　　　　　加工程序

程序	说明
…	
N50 G00 U – 63.2；	
N60 G33 W – 63.0 F3.0 P0；	车螺纹第一条螺旋槽
N70 G00 U63.2 W63.0；	
N80 U – 63.2；	
N90 G33 W – 63.0 F3.0 P120000；	车螺纹第二条螺旋槽
N100 G00 U63.2 W63.0；	
N110 U – 63.2；	
N120 G33 W – 63.0 F3.0 P240000；	车螺纹第三条螺旋槽
N130 G00 U63.2 W63.0；	
…	

> **提示**
>
>   1. 多线螺纹的导程一般较大，为避免伺服系统的滞后效应对螺距精度的影响，螺纹的升速段和降速段应取较大的值。
>   2. 选取较低的主轴转速，以防止主轴编码器出现过冲现象。
>   3. 注意选择与工件的螺纹升角适合的刀具，以避免刀具后角与工件发生干涉。

二、编程实例

编制如图 7 – 26 所示的轴套左端螺纹的加工程序，加工程序见表 7 – 16。加工后的轴套三维立体图如图 7 – 27 所示。

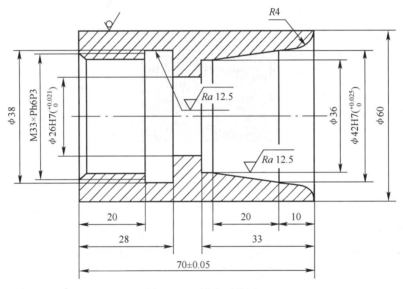

图 7 – 26 轴套零件图

表 7 – 16   加工程序

程序	说明
O0001；	
N10 T0101 S100 M03 G99；	选择 1 号 60° 内螺纹车刀（$P = 3$ mm）及 1 号刀补，启动主轴
N20 G00 X28.0 Z8.0；	快速接近工件
N30 G01 X32.0 F0.3；	
N40 G33 Z – 25.0 F6.0 P0；	车削螺纹，车第一条螺旋槽的第一刀
N50 G01 X28.0 F0.3；	
N60 G00 Z8.0；	
N70 G01 X32.0 F0.3；	

续表

程序	说明
N80 G33 Z－25.0 F6.0 P180000；	车第二条螺旋槽的第一刀
N90 G01 X28.0 F0.3；	
N100 G00 Z8.0；	
N110 G01 X33.0 F0.3；	
N120 G33 Z－25.0 F6.0 P0；	车第一条螺旋槽的第二刀
N130 G01 X28.0 F0.3；	
N140 G00 Z8.0；	
N150 G01 X33.0 F0.3；	
N160 G33 Z－25.0 F6.0 P180000；	车第二条螺旋槽的第二刀
N170 G01 X28.0 F0.3；	
N180 G00 Z8.0；	
N190 G00 X100.0 Z100.0 T0100；	快速返回换刀点，取消 1 号刀补
N200 M05；	主轴停止
N210 M30；	程序结束并复位

图 7 - 27 轴套三维立体图

思考与练习

1. 为什么车螺纹时要设置升速段和降速段？

2. 常见螺纹加工的问题有哪些？

3. 零件图如题图 7 - 1 所示，试用固定螺纹循环指令编制图中螺纹的加工程序。

4. 零件图如题图 7 - 2 所示，试用复合螺纹循环指令编制图中螺纹的加工程序。

5. 零件图如题图 7 - 3 所示，试用复合螺纹循环指令编制图中梯形螺纹的加工程序。

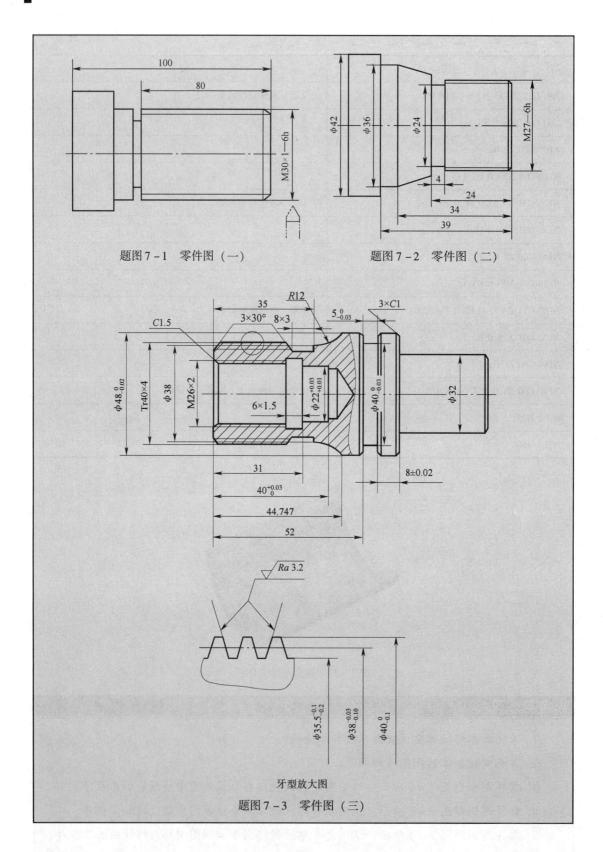

题图 7-1 零件图（一）

题图 7-2 零件图（二）

题图 7-3 零件图（三）

第八章 非圆曲线加工

一般意义上所说的数控指令代码功能都是固定的，它们由系统生产厂家开发，使用者按照指令格式编程。但遇到特殊结构的零件时，系统生产厂家提供的这些指令不能满足用户的要求，例如，一般数控系统只提供直线与圆弧插补功能，而加工椭圆、抛物线等形状的零件时无法满足用户的加工需要。如图8-1所示为椭圆堵头，该零件右端就是由椭圆面构成的，要加工出合格的椭圆表面，就必须使用用户宏程序功能。

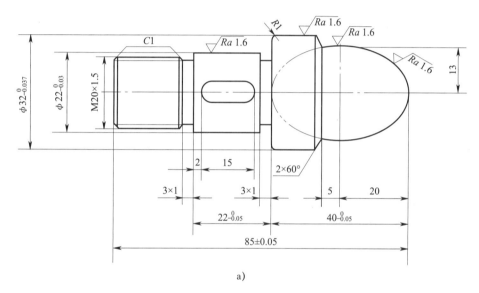

a)

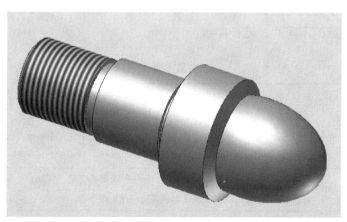

b)

图 8-1 椭圆堵头

a) 零件图　b) 实物图

第一节 宏 程 序

一、宏程序的概念

将一组命令所构成的功能像子程序一样事先存入存储器中，并用一个命令作为代表，执行时只需写出这个代表命令，就可以执行其功能。这一组命令称为用户宏主（本）体（或用户宏程序），简称用户宏（Custom Macro）指令。这个代表命令称为用户宏命令，也称宏调用命令。用户宏程序功能有 A 和 B 两种类型，目前的数控系统一般采用 B 类宏程序。在编程及加工过程中，B 类宏程序更方便、实用。本章主要介绍 B 类宏程序的基本使用方法。

使用时，操作者只需会使用用户宏命令即可，而不必记忆用户宏主（本）体。用户宏命令的最大特征有以下几个方面：可以在用户宏主（本）体中使用变量；可以进行变量之间的运算；用户宏命令可以对变量进行赋值。

二、变量

用一个可赋值的代号代替具体的数值，这个代号就称为变量。使用用户宏命令时的主要方便之处在于可以用变量代替具体数值，因而在加工同一类的零件时，只需将实际的值赋予变量即可，而不需要对每一个零件都编一个程序。

1. 变量的表示

变量由变量符号"#"和变量号（阿拉伯数字）组成，如#1 和#20 等。变量也可以由变量符号"#"和表达式组成，如# [#1 + 10] 等。

2. 变量的种类

按变量号可将变量分为局部（local）变量、公共（common）变量和系统（system）变量，其用途和性质都是不同的，见表 8 – 1。

表 8 – 1 变量类型

变量号	类型	功能
#1 ~ #33	局部变量	局部变量是指在用户宏命令中局部使用的变量。换句话说，在某一时刻调出的用户宏命令中所使用的局部变量#i 和另一时刻调用的用户宏命令（也不论与前一个用户宏命令相同还是不同）中所使用的#i 是不同的
#100 ~ #199 #500 ~ #999	公共变量	公共变量是在主程序以及调用的子程序中通用的变量。例如，在某个用户宏命令中运算得到的公共变量的结果#i 可以用到别的用户宏命令中
#1000 ~	系统变量	系统变量是指根据用途而被固定的变量，它的值决定系统的状态

3. 变量的引用

普通程序总是将一个具体的数值赋值给一个地址。

例如：G01 X100.0 F0.1；

用宏变量：#1 = 100.0；

　　　　　　G01 X#1 F0.1；

两者执行的结果是相同的。

提示

1. 当在程序中定义变量时，小数点是可以省略的。

例如，定义#1 = 100 时，变量#1 的值实际是 100.0。

2. 在程序中引用变量时，变量号必须放在地址符后边。

例如，#1 = 100.0；

　　　G00 X#1；

　　　执行的结果是 G00 X100.0。

3. 如需加入符号，要把符号放在"#"的前边。

例如，#1 = 100.0；

　　　G00 X -#1；

　　　执行的结果是 G00 X - 100.0。

三、运算符

FANUC 0i 系统常用的运算符见表 8 - 2。

表 8 - 2　　　　　　　　　　　常用的运算符

定义	运算符	示例
定义、置换	=	$\#i = \#j$
加法	+	$\#i = \#j + \#k$
减法	−	$\#i = \#j - \#k$
乘法	*	$\#i = \#j * \#k$
除法	/	$\#i = \#j/\#k$
正弦	SIN	$\#i = SIN\ [\#j]$
反正弦	ASIN	$\#i = ASIN\ [\#j]$
余弦	COS	$\#i = COS\ [\#j]$
反余弦	ACOS	$\#i = ACOS\ [\#j]$
或运算	OR	$\#i = \#j\ OR\ \#k$
异或运算	XOR	$\#i = \#j\ XOR\ \#k$
与运算	AND	$\#i = \#j\ AND\ \#k$
正切	TAN	$\#i = TAN\ [\#j]$

续表

定义	运算符	示例
反正切	ATAN	$\#i = ATAN\ [\#j]$
平方根	SQRT	$\#i = SQRT\ [\#j]$
绝对值	ABS	$\#i = ABS\ [\#j]$
舍入	ROUND	$\#i = ROUND\ [\#j]$
上取整	FIX	$\#i = FIX\ [\#j]$
下取整	FUP	$\#i = FUP\ [\#j]$
自然对数	LN	$\#i = LN\ [\#j]$
指数函数	EXP	$\#i = EXP\ [\#j]$
十一二进制转换	BIN	$\#i = BIN\ [\#j]$
二一十进制转换	BCD	$\#i = BCD\ [\#j]$

四、语句

在程序中，如果有相同轨迹的指令，可通过语句改变程序的流向，让其反复循环执行运算，即可达到简化程序的目的。常用的控制指令有以下几种：

1. 无条件转移（GOTO n）

例如，N10 G00 X50.0 Z10.0；

N20 G01 X45.0 F0.2；

N30 G01 Z0；

N40 GOTO 20；

表示执行 N40 程序段时，程序无条件转移到 N20 程序段继续运行。

2. 条件语句（IF 语句）

IF ［＜条件式＞］ GOTO n（n = 顺序号）

＜条件式＞成立时，从顺序号为 n 的程序段以下执行；＜条件式＞不成立时，执行下一个程序段。例如：

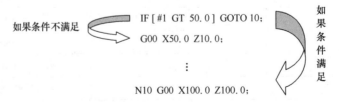

该语句中的条件表达式必须包括运算符，这个运算符插在两个变量或一个变量和一个常量之间，并且要用方括号封闭，常用＜条件式＞运算符见表 8 - 3。

表 8-3 常用 < 条件式 > 运算符

符号	代号	示例
=	EQ	
≠	NE	#1 EQ 10.0
>	GT	#2 LE 100.0
<	LT	#3 GE 30.0
≥	GE	
≤	LE	

3. 循环语句（WHILE 语句）

WHILE［< 条件式 >］DO m（m = 顺序号）

⋮

END m

当 < 条件式 > 成立时，从 DO m 的程序段到 END m 的程序段重复执行；如果 < 条件式 > 不成立，则执行 END m 的下一个程序段。

提示

1. 函数 SIN 和 COS 等的角度单位是"°"，遇到"′"和"″"时要换成"°"。例如，90°30′应表示为 90.5°；30°18′应表示为 30.3°。

2. 当用表达式指定变量时，必须把表达式放入方括号"［］"内。例如，G00 X［#1 + 10］Z30.0；

3. 方括号"［］"也可用于改变运算的次序，同时允许嵌套使用，最多可嵌套五层。例如，#1 = SIN［［［#1 + 10］ * #2 + #3］/#4］;

第二节　非圆曲线加工

一、加工椭圆类零件编程实例

加工如图 8-2 所示的椭圆零件。

1. 实例分析

本例只编写该零件的精加工程序，以 Z 值为自变量，每次变化 0.05 mm，X 值为应变量，通过变量运算计算出相应的 X 值。

2. 参考程序

椭圆精加工程序见表 8-4，加工后得到的三维立体图如图 8-3 所示。

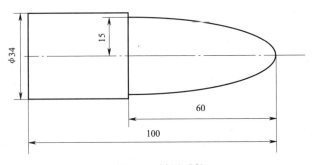

图 8 - 2　椭圆零件

表 8 - 4　　　　　　　　　　　　　　　　椭圆精加工程序

程序	说明
O0001 ;	椭圆精加工程序
N10 M03 S1000 T0101 G99 ;	主轴正转，转速为 1 000 r/min，选择 1 号刀及 1 号刀补
N20 G00 X30.0 Z2.0 ;	快速移到定刀点
N30 #101 = 60.0 ;	长半轴
N40 #102 = 15.0 ;	短半轴
N50 #103 = 60.0 ;	Z 轴起点至圆心尺寸
N60 IF［#103 LT 0.0］GOTO 120 ;	判断 Z 轴是否走到终点，如果是，则跳转至 N120 程序段
N70 #104 = SQRT［#101 * #101 － #103 * #103］;	椭圆方程
N80 #105 = #102 * #104/#101 ;	X 轴变量
N90 G01 X［2 * #105］Z［#103 － 60.0］F0.1 ;	椭圆插补
N100 #103 = #103 － 0.05 ;	步距为 0.05 mm
N110 GOTO 60 ;	跳转至 N60 程序段
N120 G00 X100.0 Z2.0 ;	快速退刀
N130 M05 ;	主轴停止
N140 M30 ;	程序结束并复位

二、加工抛物线类零件编程实例

加工如图 8 - 4 所示的抛物线零件，方程为 $Z = -\dfrac{1}{20}X^2$。

图 8 - 3　椭圆三维立体图

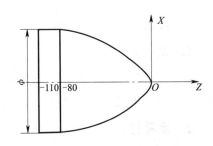

图 8 - 4　抛物线零件

1. 实例分析

抛物线的原点为工件坐标系的原点，设刀尖在参考点上，与工件坐标系原点的距离为 $X=400$ mm，$Z=400$ mm，采用线段逼近法编制程序。

2. 参考程序

抛物线加工主程序见表 8 – 5，其精加工子程序见表 8 – 6，加工后得到的三维立体图如图 8 – 5 所示。

表 8 – 5　　　　　　　　　　　　抛物线加工主程序

程序	说明
O0001；	
N10 M03 T0101 S600 G99；	主轴正转，转速为 600 r/min，选择 1 号刀及 1 号刀补
N20 G00 X200.0 Z400.0；	快速移到定刀点
N30 #50 = 400.0；	赋值加工余量
N40 M98 P0002；	调用子程序
N50 #50 = #50 – 5.0；	背吃刀量为 5 mm
N60 IF［#50 GE 1］GOTO 40；	精加工轮廓起始行
N70 #50 = 0；	终点判别
N80 M98 P0002；	调用子程序
N90 G00 X200.0 Z400.0；	快速退刀
N100 M05；	主轴停止
N110 M30；	主程序结束并复位

表 8 – 6　　　　　　　　　　　　抛物线精加工子程序

程序	说明
O0002；	抛物线精加工程序
N110 G01 X0 F0.1；	移到精加工定刀点
N120 #6 = #8；	赋初始值
N130 #10 = #6 + #1；	加工步距（直径编程）
N140 #11 = #10/#2；	求半径（方程中的 X 值）
N150 #15 = #11 * #11；	求半径的平方（方程中的 X^2）
N160 #20 = #15/#3；	求 $X^2/20$
N170 #25 = – #20；	求 $– X^2/20$
N180 #12 = #11 * #2；	求 2X（直径）
N190 G01 X#12 Z#25 F#9；	走直线进行加工
N200 #6 = #10；	变换动点
N210 IF［#25 GT #7］GOTO 130；	终点判别
N220 M99；	子程序结束并返回主程序

三、加工正弦曲线类零件编程实例

加工如图 8-6 所示的绕线筒。

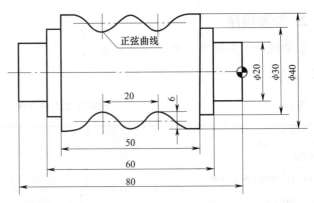

图 8-5 抛物线三维立体图   图 8-6 绕线筒零件图

1. 实例分析

该零件由两个周期的正弦曲线组成，总角度为 720°（-630° ~ 90°）。将该曲线分成 1 000 条线段，用直线段拟合该曲线，每段直线在 Z 轴方向的间距为 0.04 mm，相对应正弦曲线的角度增加 720°/1 000。根据公式 $X = 34 + 6\sin\alpha$，计算出曲线上每一线段终点的 X 坐标值。

使用以下变量进行运算：

#100：正弦曲线起始角；

#101：正弦曲线终止角；

#102：正弦曲线各点的 X 坐标；

#103：正弦曲线各点的 Z 坐标。

2. 参考程序

正弦曲线加工程序见表 8-7，加工得到的绕线筒三维立体图如图 8-7 所示。

表 8-7   正弦曲线加工程序

程序	说明
O0003；	
N10 M03 T0101 S600 G99；	主轴正转，转速为 600 r/min，选择 1 号刀及 1 号刀补
N20 G00 X45.0 Z10.0；	快速移到定刀点
N30 X42.0 Z3.0；	快速移到循环起始点
N40 G71 U1.0 R2.0；	外圆粗车复合循环
N50 G71 P60 Q120 U0.5 F0.3；	
N60 G00 X20.0；	精加工轮廓起始行
N70 G01 Z-10.0 F0.1；	精加工 φ20 mm 的外圆

续表

程序	说明
N80 X30.0;	精加工端面
N90 Z－15.0;	精加工 φ30 mm 的外圆
N100 X40.0;	精加工端面
N110 Z－66.0;	精加工 φ40 mm 的外圆
N120 X43.0;	退刀
N130 G70 P60 Q120;	精加工循环指令
N140 G00 X43.0 Z5.0;	快速移到循环起始点
N150 G73 U6.0 W0 R4;	X 轴方向粗加工余量为 6 mm
N160 G73 P170 Q260 U0.5 F0.2;	X 轴方向精加工余量为 0.5 mm
N170 G00 X42.0 Z－13.0;	精加工轮廓起始点
N180 #100 = 90.0;	起始角
N190 #101 = －630.0;	终止角
N200 #103 = －20.0;	Z 坐标初始值
N210 #102 = 34 + 6 * SIN［#100］;	X 坐标初始值
N220 G01 X#102 Z#103 F0.1;	曲线插补
N230 #100 = #100 － 0.72;	角度增量为 － 0.72°
N240 #103 = #103 － 0.04;	Z 坐标增量为 － 0.04 mm
N250 IF［#100GE#101］GOTO 210;	循环跳转
N260 G00 X50.0;	退刀
N270 G70 P170 Q260;	精加工循环指令
N280 G00 X100.0 Z100.0;	快速退刀
N290 M05;	主轴停止
N300 M30;	程序结束并复位

图 8 - 7 绕线筒三维立体图

四、零件加工任务

编制如图 8 - 8 所示椭圆头零件的加工程序并进行加工。毛坯采用 ϕ45 mm × 100 mm 的棒料（可沿用上节课练习用料），材料为 45 钢。

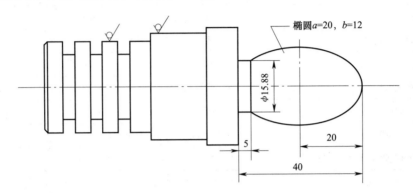

图 8 - 8 椭圆头零件

本任务只要求加工如图 8 - 8 所示椭圆头零件右端的椭圆部分，零件轮廓简单。如果用常规编程指令来编写加工程序，会导致编程困难、计算烦琐、程序段多。如果采用宏程序来编写加工程序，就可以达到简化编程的效果。该零件的宏程序可以直接编写在 G73 仿形循环指令中进行粗车，用 G70 指令完成精车即可。

1. 工艺分析

（1）加工工艺分析

1）编程原点的确定。以工件右端面与轴线的交点处作为编程原点。

2）制定加工路线。先加工端面→粗车椭圆表面至 ϕ26 mm→用宏程序循环车削椭圆及外圆，使 ϕ15.88 mm 至尺寸。

（2）工件的装夹

采用三爪自定心卡盘装夹工件，如图 8 - 9 所示。

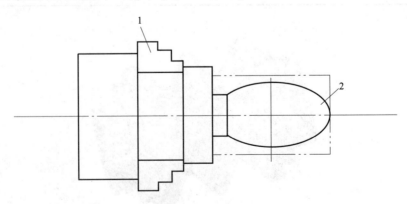

图 8 - 9 工件的装夹

1—三爪自定心卡盘 2—工件

2. 填写工艺卡片

(1) 确定加工工艺，填写数控加工工艺卡，见表 8 - 8。

(2) 切削用量及刀具选择见表 8 - 9。

表 8 - 8 数控加工工艺卡

工序	名称	工艺要求			操作者	备注
1	下料	$\phi 45$ mm × 100 mm				
2	数控车	工步	工步内容	刀具号		
		1	车端面	T01		
		2	粗车椭圆外圆至 $\phi 26$ mm	T02		
		3	循环车削椭圆及外圆至尺寸	T02		
3	检验					

表 8 - 9 切削用量及刀具选择

刀具号	刀具规格及名称	数量	加工内容	主轴转速/ (r/min)	进给速度/ (mm/r)	备注
T01	90°外圆粗车刀	1	车端面、外圆	500	0.2	
T02	93°仿形车刀	1	车椭圆	800	0.1	

3. 编写加工程序

零件加工程序见表 8 - 10。

表 8 - 10 零件加工程序

程序	说明
O0001 ;	
N10 M03 S500 T0101 G99 ;	主轴正转，转速为 500 r/min，选择 1 号刀及 1 号刀补
N20 G00 X45.0 Z10.0 ;	快速移到定刀点
N30 X35.0 Z5.0 ;	移到循环起始点
N40 G90 X29.0 Z - 40.0 F0.2 ;	循环粗车椭圆外圆
N50 X26.0 ;	
N60 G00 X100.0 Z100.0 ;	快速退刀
N70 T0202 S800 ;	换 2 号刀及 2 号刀补
N80 G00 X45.0 Z5.0 ;	移到仿形循环起始点
N90 G73 U13.0 W0 R6 ;	仿形循环指令
N100 G73 P110 Q220 U0.5 W0 F0.2 ;	
N110 G00 X30.0 Z2.0 ;	快速移到定刀点
N120 #101 = 20.0 ;	长半轴
N130 #102 = 12.0 ;	短半轴

程序	说明
N140 #103 = 20.0；	Z 轴起点至圆心尺寸
N150 IF［#103 LT －15.0］GOTO 210；	判断 Z 轴是否走到终点，如果是，则跳转至 N210 程序段
N160 #104 = SQRT［#101 * #101 － #103 * #103］；	椭圆方程
N170 #105 = #102 * #104/#101；	X 轴变量
N180 G01 X［2 * #105］Z［#103 － 20.0］F0.1；	椭圆插补
N190 #103 = #103 － 0.05；	Z 轴步距为 0.05 mm
N200 GOTO 150；	跳转至 N150 程序段
N210 G01 Z － 40.0 F0.1；	车削 ϕ15.88 mm 的外圆
N220 X35.0；	退刀
N230 G70 P110 Q220；	精车循环指令
N240 G00 X100.0 Z2.0；	快速退刀
N250 M05；	主轴停止
N260 M30；	程序结束并复位

五、椭圆加工质量分析

椭圆加工常见问题的产生原因及解决方法见表 8 － 11。

表 8 － 11　　　　　　　　　椭圆加工常见问题的产生原因及解决方法

现象	产生原因	解决方法
尺寸超差	1. 刀具参数不正确 2. 刀具安装不正确 3. 测量不准确 4. 切削用量选择不当，产生让刀现象	1. 正确编制程序 2. 正确安装刀具 3. 正确测量，合理选择量具 4. 合理选择切削用量
非圆曲线轮廓超差	1. 程序编制不正确 2. 编制宏程序时间距值取得过大 3. 刀尖圆弧半径没有补偿 4. 工件尺寸计算错误	1. 正确编制程序 2. 减小步距值 3. 考虑刀尖半径补偿 4. 正确计算工件尺寸
表面粗糙度达不到要求	1. 编制宏程序时间距值取得过大 2. 工件在加工中产生振动和变形 3. 切削用量选择不当	1. 减小步距值 2. 提高装夹刚度 3. 进给量不宜选择过大，合理选择精加工余量

思考与练习

1. 零件图（一）如题图 8−1 所示，试编制加工程序并进行加工。

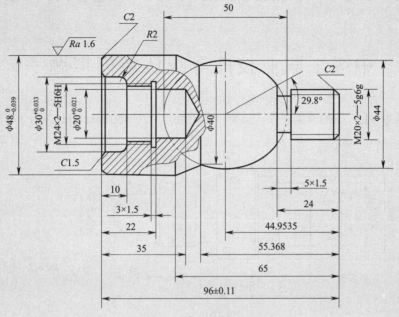

题图 8−1　零件图（一）

2. 零件图（二）如题图 8−2 所示，试编制加工程序并进行加工。

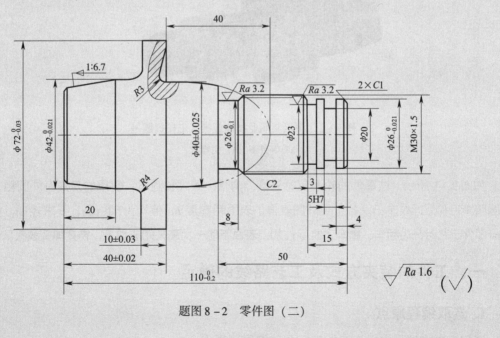

题图 8−2　零件图（二）

第九章　职业技能等级认定模拟试题

中级工职业技能等级认定模拟题一

加工如图 9－1 所示的轴类零件，该零件的毛坯尺寸为 $\phi 50$ mm×115 mm，材料为 45 钢。

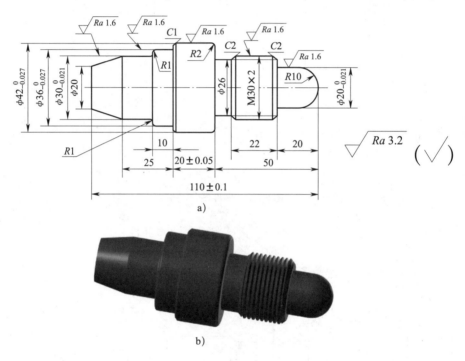

a)

b)

图 9－1　中级工职业技能等级认定模拟题一

a）零件图　b）实物图

如图 9－1 所示，该零件的轮廓包括外圆、沟槽、螺纹和圆弧，使用的刀具有外圆粗车刀、外圆精车刀和外螺纹车刀。各主要外圆表面的表面粗糙度 Ra 值均为 1.6 μm，要求较高，因此，安排零件工艺时分为粗车、精车，且零件加工表面不能一次装夹完成加工，需要掉头装夹。

一、工件的装夹方式及工艺路线的确定

1. 选取编程原点

选取工件右端面中心为工件坐标系（编程）原点。

2. 制定加工路线

（1）采用三爪自定心卡盘装夹零件毛坯，车端面，粗、精车左端 $\phi 42_{-0.027}^{0}$ mm、$\phi 36_{-0.027}^{0}$ mm、

$\phi 30_{-0.021}^{0}$ mm 的外圆，并倒圆、倒角，工件的装夹如图 9 - 2 所示。

（2）掉头装夹，以工件左端面及 $\phi 36_{-0.027}^{0}$ mm 的外圆为基准装夹于车床卡盘上，如图 9 - 3 所示。粗、精车右端零件 $R10$ mm 圆弧、$\phi 20_{-0.021}^{0}$ mm 外圆、螺纹外圆和 $\phi 26$ mm 沟槽及倒圆、倒角。

（3）车 M30 × 2 的螺纹。

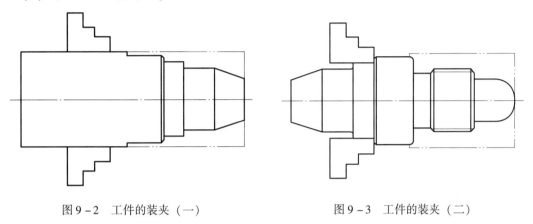

图 9 - 2 工件的装夹（一）   图 9 - 3 工件的装夹（二）

二、填写相关工艺卡片

1. 确定加工工艺

确定加工工艺，填写数控加工工艺卡，见表 9 - 1。

表 9 - 1   数控加工工艺卡

工序	名称	工艺要求		操作者	备注
1	下料	$\phi 50$ mm × 115 mm			
2	车	车端面，控制总长并打中心孔			
3	数控车	工步	工步内容	刀具号	
		1	粗车 $\phi 42_{-0.027}^{0}$ mm、$\phi 36_{-0.027}^{0}$ mm、$\phi 30_{-0.021}^{0}$ mm 的外圆和圆锥面	T01	
		2	精车 $\phi 42_{-0.027}^{0}$ mm、$\phi 36_{-0.027}^{0}$ mm、$\phi 30_{-0.021}^{0}$ mm 的外圆和圆锥面	T02	
		3	掉头装夹		
		4	自右向左粗车圆弧、外圆和槽	T01	
		5	自右向左精车外轮廓	T02	
		6	车 M30 × 2 螺纹至图样要求	T04	
4	检验				

2. 确定切削用量和刀具

切削用量及刀具选择见表 9 – 2。

表 9 – 2 切削用量及刀具选择

刀具号	刀具规格及名称	数量	加工内容	主轴转速/（r/min）	进给速度/（mm/r）	备注
T01	90°外圆车刀	1	粗车工件外轮廓	500	0.2	
T02	93°外圆车刀	1	精车工件外轮廓	800	0.1	
T04	60°外螺纹车刀	1	车 M30×2 的螺纹	500	1.5	

三、编制加工程序

1. 零件左端加工程序见表 9 – 3。

表 9 – 3 零件左端加工程序

程序	说明
O0001；	
N10 M03 T0101 S500 G99 M08；	主轴正转，转速为 500 r/min，选择 1 号刀及 1 号刀补
N20 G00 X60.0 Z5.0；	移动到车端面定刀
N30 Z0；	
N40 G01 X0 F0.2；	车端面
N50 Z2.0；	退刀
N60 G00 X55.0 Z2.0；	移动到粗车定刀点
N70 G90 X42.5 Z – 65.0 F0.2；	循环粗车各外圆
N80 X39.5 Z – 40.0；	
N90 X36.5；	
N100 X30.5 Z – 29.0；	
N110 X30.5 Z – 7.5 R – 3.2 F0.2；	循环粗车圆锥面
H120 X30.5 Z – 15.0 R – 5.7；	
N130 G00 X150.0 Z5.0；	返回换刀点
N140 T0202 S800；	换 2 号精车刀，转速为 800 r/min
N150 G42 G00 X50.0 Z5.0；	精车定刀
N160 G00 X20.0；	
N170 G01 Z0 F0.1；	
N180 X30.0 Z – 15；	精车圆锥
N190 Z – 29.0；	精车外圆

续表

程序	说明
N200 G02 X32. 0 Z − 30. 0 R1. 0 F0. 1;	*R*1 mm 倒圆
N210 G01 X34. 0;	
N220 G03 X36. 0 W − 1. 0 R1. 0;	*R*1 mm 倒圆
N230 G01 Z − 40. 0;	精车外圆
N240 X40. 0;	
N250 X42. 0 W − 1. 0;	倒角
N260 Z − 65. 0;	精车外圆
N270 X51. 0;	退刀
N280 G40 G00 X150. 0 Z5. 0 M09;	返回换刀点
N290 M05;	主轴停止
N300 M30;	程序结束并复位

2. 零件右端加工程序见表 9 − 4。

表 9 − 4　　　　　　　　　　　零件右端加工程序

程序	说明
O0002;	
N10 M03 T0101 S500 G99 M08;	主轴正转，转速为 500 r/min，选择 1 号刀及 1 号刀补
N20 G00 X55. 0 Z5. 0;	粗车定刀
N30 G90 X42. 5 Z − 50. 0 F0. 2;	循环粗车螺纹外圆
N40 X38. 5;	
N50 X34. 5;	
N60 X30. 5;	
N70 X25. 5 Z − 20. 0;	循环粗车 ϕ20 mm 外圆
N80 X20. 5;	
N90 G00 X0 Z2. 2;	
N100 G03 X24. 4 Z − 10. 0 R12. 2 F0. 2;	粗车圆弧第一刀
N110 G00 Z5. 0;	
N120 G00 X0 Z2. 0;	
N130 G01 Z0. 25 F0. 2;	
N140 G03 X20. 5 Z − 10. 0 R10. 25 F0. 1;	粗车圆弧第二刀
N150 G00 X35. 5;	

程序	说明
N160 Z – 40.0；	
N170 G01 X30.5 F0.2；	
N180 X26.5 Z – 42.0 F0.1；	粗车槽
N190 Z – 50.0；	
N200 X47.0；	
N210 G00 X150.0 Z5.0；	退到换刀点
N220 T0202 S800；	换 2 号精车刀，转速为 800 r/min
N230 G42 G00 X55.0 Z5.0；	
N240 X0；	
N250 G01 Z0；	精车圆弧起点
N260 G03 X20.0 Z – 20.0 R10.0 F0.1；	精车圆弧
N270 G01 Z – 20.0；	精车 ϕ20 mm 外圆
N280 X26.0；	
N290 X30.0 Z – 21.0；	
N300 Z – 40.0；	精车螺纹外圆
N310 X26.0 Z – 42.0；	
N320 Z – 50.0；	精车槽
N330 X38.0；	
N340 G03 X42.0 Z – 52.0 R2.0 F0.1；	精车倒圆
N350 G01 X45.0；	
N360 G40 G00 X150.0 Z5.0 M09；	退到换刀点
N370 T0404 S500；	换螺纹刀，转速为 500 r/min
N380 G00 X35.0 Z – 15.0；	移动到车螺纹起点
N390 G92 X29.3 Z – 44.0 F2.0；	循环车螺纹
N400 X28.7；	
N410 X28.1；	
N420 X27.7；	
N430 X27.5；	
N440 X27.4；	
N450 G00 X150.0 Z5.0；	退刀
N460 M05；	主轴停止
N470 M30；	程序结束并复位

四、评分标准

评分标准见表 9 – 5。

表 9 – 5   评分标准

考核项目		序号	技术要求	配分	评分标准	检测记录	得分
工件加工	外形轮廓	1	$\phi 42_{-0.027}^{0}$ mm	5	每超差 0.01mm 扣 2 分		
		2	$\phi 36_{-0.027}^{0}$ mm	5	每超差 0.01mm 扣 2 分		
		3	$\phi 30_{-0.021}^{0}$ mm	5	每超差 0.01mm 扣 2 分		
		4	$\phi 20_{-0.021}^{0}$ mm	5	每超差 0.01mm 扣 2 分		
		5	圆锥	3	超差不得分		
		6	(110 ± 0.1) mm	4	超差不得分		
		7	(20 ± 0.05) mm	4	超差不得分		
		8	10 mm	2	超差不得分		
		9	25 mm	2	超差不得分		
		10	22 mm	2	超差不得分		
		11	50 mm	2	超差不得分		
		12	$R10$ mm	6	超差不得分		
		13	Ra 1.6 μm (6 处)	2×6	每处降级扣 2 分		
	螺纹	14	M30×2	7	超差不得分		
		15	车槽 $\phi 26$ mm	2	超差不得分		
	其他	16	一般尺寸 IT12	2	每错一处扣 1 分		
		17	倒角、倒圆 (各 3 处)	1×6	每错一处扣 1 分		
		18	工件按时完成	3	未按时完成全扣		
		19	工件无缺陷	3	有一处缺陷扣 3 分		
程序与工艺		20	程序正确、完整	5	每错一处扣 2 分		
		21	数控加工工艺卡	5	不合理每处扣 2 分		
机床操作		22	机床操作规范	5	每错一次扣 2 分		
		23	工件、刀具装夹正确	5	每错一次扣 2 分		
安全文明生产 (倒扣分)		24	安全操作		出现安全事故停止操作或酌情倒扣 5~30 分		
		25	机床整理				
合计				100			

中级工职业技能等级认定模拟题二

加工如图 9 - 4 所示的零件，该零件的毛坯尺寸为 ϕ50 mm × 85 mm，材料为 45 钢。

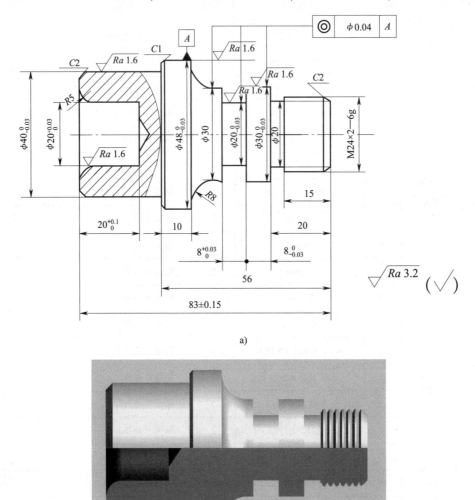

a)

图 9 - 4　中级工职业技能等级认定模拟题二

a) 零件图　b) 实物图

如图 9 - 4 所示，该零件的轮廓包括外圆、内孔、沟槽、螺纹和圆弧，使用的刀具有外圆粗车刀、外圆精车刀、内孔车刀、外车槽刀和外螺纹车刀。各主要外圆及内孔表面的表面粗糙度 Ra 值均为 1.6 μm，要求较高，因此，安排零件工艺时分为粗车、精车，且零件加工表面不能一次装夹完成加工，需要掉头装夹。

一、工件的装夹方式及工艺路线的确定

1. 选取编程原点

选取工件右端面中心为工件坐标系（编程）原点。

2. 制定加工路线

（1）如图 9-5 所示，用三爪自定心卡盘夹持零件右端毛坯外圆，粗、精车零件左端外圆 $\phi 40_{-0.03}^{0}$ mm 和 $\phi 48_{-0.03}^{0}$ mm 至尺寸。

（2）粗、精加工零件左端内孔 $\phi 20_{0}^{+0.03}$ mm 至尺寸；加工 $R5$ mm 的圆弧至尺寸。

（3）掉头，夹持零件左端 $\phi 40_{-0.03}^{0}$ mm 的外圆，粗、精车零件右端外圆、圆弧，工件的装夹如图 9-6 所示。

（4）加工 $\phi 20_{-0.03}^{0}$ mm $\times 8_{0}^{+0.03}$ mm 的槽，同时控制 $\phi 30_{-0.03}^{0}$ mm 的外圆壁厚 $8_{-0.03}^{0}$ mm。

（5）车螺纹退刀槽。

（6）车 M24$\times$2—6g 的外螺纹。

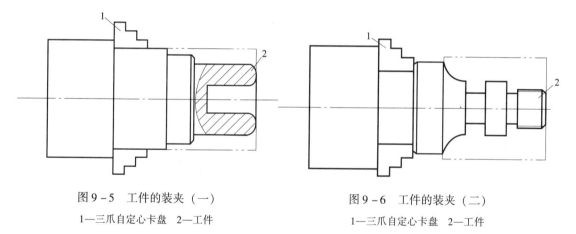

图 9-5　工件的装夹（一）　　　　　　图 9-6　工件的装夹（二）

1—三爪自定心卡盘　2—工件　　　　　　1—三爪自定心卡盘　2—工件

二、填写相关工艺卡片

1. 确定加工工艺

确定加工工艺，填写数控加工工艺卡，见表 9-6。

表 9-6　　　　　　　　　　　　　　　数控加工工艺卡

工序	名称	工艺要求			操作者	备注
1	下料	$\phi 50$ mm $\times 85$ mm				
2	数控车	工步	工步内容		刀具号	
		1	夹持零件毛坯外圆车端面		T01	
		2	粗车 $\phi 48_{-0.03}^{0}$ mm 和 $\phi 40_{-0.03}^{0}$ mm 的外圆		T01	
		3	精车 $\phi 48_{-0.03}^{0}$ mm 和 $\phi 40_{-0.03}^{0}$ mm 的外圆，倒角		T01	

续表

工序	名称	工艺要求		操作者	备注
		工步	工步内容	刀具号	
2	数控车	4	粗、精车 $\phi20_{\ 0}^{+0.03}$ mm 的内孔，控制深度 $20_{\ 0}^{+0.1}$ mm	T04	
		5	掉头，车端面，控制总长（83 ± 0.15）mm	T01	
		6	粗车 $\phi30_{-0.03}^{\ 0}$ mm 的外圆、$R8$ mm 的圆弧和螺纹外圆	T01	
		7	精车 $\phi30_{-0.03}^{\ 0}$ mm 的外圆、$R8$ mm 的圆弧和螺纹外圆	T01	
		8	粗、精车 $\phi20_{-0.03}^{\ 0}$ mm $\times 8_{\ 0}^{+0.03}$ mm 的槽	T02	
		9	车螺纹退刀槽	T02	
		10	车 $M24 \times 2$—$6g$ 的螺纹至图样要求	T03	
3	检验				

2. 确定切削用量和刀具

切削用量及刀具选择见表 9 – 7。

表 9 – 7　　　　　　　　　　切削用量及刀具选择

刀具号	刀具规格及名称	数量	加工内容	主轴转速/（r/min）	进给速度/（mm/r）	备注
T01	90°外圆车刀	1	车工件外轮廓	500、800	0.2、0.1	
T02	车槽刀	1	车退刀槽	400	0.15	
T03	60°外螺纹车刀	1	车 $M24 \times 2$—$6g$ 的螺纹	600	2.0	
T04	内孔车刀	1	车内孔	400	0.15	

三、编制加工程序

1. 零件左端加工程序见表 9 – 8。

表 9 – 8　　　　　　　　　　零件左端加工程序

程序	说明
O0001；	
N10 M03 S500 T0101 G99；	主轴正转，转速为 500 r/min，选择 1 号刀及 1 号刀补
N20 G00 X52.0 Z2.0 M08；	移到粗车循环定刀点
N30 G71 U2.0 R0.5；	粗车复合循环
N40 G71 P50 Q120 U0.5 W0 F0.2；	
N50 G00 X36.0 S800；	移到精车定刀点
N60 G01 Z0 F0.1；	
N70 X40.0 Z−2.0；	倒角

续表

程序	说明
N80 Z－27.0；	精车 $\phi40_{-0.03}^{0}$ mm 的外圆
N90 X46.0；	精车端面
N100 X48.0 Z－28.0；	倒角
N110 Z－40.0；	精车 $\phi48_{-0.03}^{0}$ mm 的外圆
N120 G01 X52.0；	退刀
N130 G70 P50 Q120；	精加工指令
N140 G00 X100.0 Z100.0；	退刀至换刀点
N150 T0404 S400；	换 4 号内孔车刀及 4 号刀补，转速为 400 r/min
N160 G00 X16.0 Z2.0；	移到循环起始点
N170 G71 U1.0 R0.5； N180 G71 P190 Q230 U－0.3 W0 F0.15；	粗车循环，指定背吃刀量为 1.0 mm，退刀量为 0.5 mm
N190 G00 X30.0； N200 G01 Z0 F0.1；	移到精车定刀点
N210 G02 X20.0 Z－5.0 R5.0 F0.1；	精车 $R5$ mm 的圆弧
N220 G01 Z－20.0 F0.1；	精车 $\phi20_{0}^{+0.03}$ mm 的孔
N230 X18.0；	车端面
N240 G70 P190 Q230；	精车指令
N250 G00 X100.0 Z100.0 M09；	退刀至换刀点
N260 M05；	主轴停止
N270 M30；	程序结束并复位

2. 零件右端加工程序见表 9－9。

表 9－9　　　　　　　　　**零件右端加工程序**

程序	说明
O0002；	
N10 M03 S500 T0101 G99；	主轴正转，转速为 500 r/min，选择 1 号刀及 1 号刀补
N20 G00 X52.0 Z2.0 M08；	移到粗车循环定刀点
N30 G71 U2.0 R0.5； N40 G71 P50 Q120 U0.5 W0 F0.2；	粗车复合循环
N50 G00 X20.0 S800；	移到精车定刀点

程序	说明
N60 G01 Z0 F0.1；	
N70 X23.8 Z−2.0；	倒角
N80 Z−20.0；	精车螺纹外圆
N90 X30.0；	精车端面
N100 Z−38.0；	精车 $\phi30_{-0.03}^{0}$ mm 的外圆
N110 G02 X46.0 Z−46.0 R8.0；	精车 R8 mm 的圆弧
N120 G01 X52.0；	退刀
N130 G70 P50 Q120；	精车指令
N140 G00 X100.0 Z100.0；	退刀至换刀点
N150 T0202 S400；	换2号车槽刀及2号刀补，转速为400 r/min
N160 G00 X26.0 Z−18.0；	移到定刀点
N170 G75 R0.5；	车槽循环
N180 G75 X20.0 Z−20.0 P1500 Q2000 F0.1；	
N190 G00 X32.0；	
N200 Z−31.0；	
N210 G75 R0.5；	车槽循环
N220 G75 X20.0 Z−36.0 P1500 Q2000 F0.15；	
N230 G00 X100.0 Z100.0；	退刀
N240 T0303 S600；	换3号螺纹车刀及3号刀补，转速为600 r/min
N250 G00 X26.0 Z2.0；	移到定刀点
N260 G76 P020560 Q50 R0.05；	螺纹复合循环指令
N270 G76 X21.4 Z−18.0 P1300 Q400 F2.0；	
N280 G00 X150.0 Z50.0 M09；	退刀至换刀点
N290 M05；	主轴停止
N300 M30；	程序结束并复位

四、评分标准

评分标准见表9−10。

表 9 – 10　　　　　　　　　　评分标准

考核项目		序号	技术要求	配分	评分标准	检测记录	得分
工件加工	外形轮廓	1	$\phi 40_{-0.03}^{\ 0}$ mm	5	每超差 0.01 mm 扣 2 分		
		2	$\phi 48_{-0.03}^{\ 0}$ mm	5	每超差 0.01 mm 扣 2 分		
		3	$\phi 30_{-0.03}^{\ 0}$ mm	5	每超差 0.01 mm 扣 2 分		
		4	$\phi 20_{-0.03}^{\ 0}$ mm	5	每超差 0.01 mm 扣 2 分		
		5	$8_{-0.03}^{\ 0}$ mm	4	每超差 0.01 mm 扣 1 分		
		6	$\phi 20_{-0.03}^{\ 0}$ mm × $8_{0}^{+0.03}$ mm	4	每超差 0.01 mm 扣 1 分		
		7	M24 × 2—6g	5	超差不得分		
		8	$\phi 20$ mm × 5 mm	2	超差不得分		
		9	R8 mm	2	超差不得分		
		10	◎ $\phi 0.04$ A （3 处）	3 × 3	每处超差 0.02 mm 扣 1 分		
		11	（83 ± 0.15） mm	4	每超差 0.05 mm 扣 2 分		
		12	$Ra \leqslant 1.6$ μm （4 处）	1 × 4	每处降级扣 1 分		
		13	$Ra \leqslant 3.2$ μm （2 处）	1 × 2	每处降级扣 1 分		
	内轮廓	14	$\phi 20_{0}^{+0.03}$ mm	5	每超差 0.01 mm 扣 2 分		
		15	$Ra \leqslant 1.6$ μm	2	降级不得分		
		16	$20_{0}^{+0.1}$ mm	4	每超差 0.05 mm 扣 2 分		
		17	$Ra \leqslant 3.2$ μm （2 处）	1 × 2	每处降级扣 1 分		
		18	R5 mm	2	超差不得分		
	其他	19	一般尺寸及倒角	6	每错一处扣 1 分		
		20	工件按时完成且无缺陷	3	未按时完成或有缺陷不得分		
程序与工艺		21	程序正确、完整	5	每错一处扣 2 分		
		22	数控加工工艺卡	5	不合理每处扣 2 分		
机床操作		23	机床操作规范	5	每错一次扣 2 分		
		24	工件、刀具装夹正确	5	每错一次扣 2 分		
安全文明生产（倒扣分）		25	安全操作		出现安全事故停止操作或酌情倒扣 5～30 分		
		26	机床整理				
合计				100			

中级工职业技能等级认定模拟题三

加工如图 9 - 7 所示的轴类零件，该零件的毛坯尺寸为 $\phi52$ mm × 85 mm，材料为 45 钢。

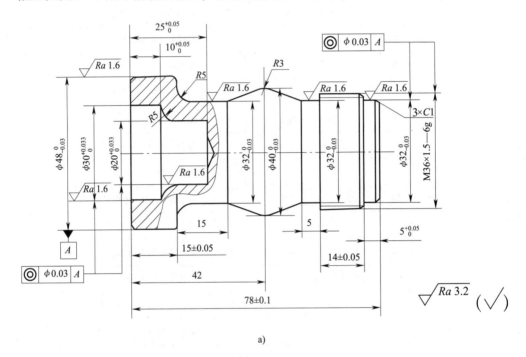

a)

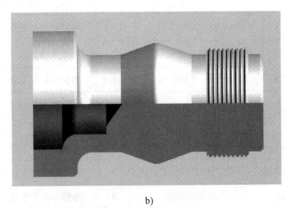

b)

图 9 - 7　中级工职业技能等级认定模拟题三

a）零件图　b）实物图

如图 9 - 7 所示，该零件的轮廓包括外圆、沟槽、螺纹、圆弧、圆锥面和内孔，使用的刀具有外圆粗车刀、外圆精车刀、外车槽刀、外螺纹车刀和内孔车刀。各主要外圆表面的表面粗糙度 Ra 值均为 1.6 μm，要求较高，因此，安排零件工艺时分为粗车、精车，且零件加工表面不能一次装夹完成加工，需要掉头装夹。

一、工件的装夹方式及工艺路线的确定

1. 选取编程原点

选取工件右端面中心为工件坐标系（编程）原点。

2. 制定加工路线

（1）如图 9 - 8 所示，用三爪自定心卡盘夹持零件右端毛坯外圆，粗、精车零件左端 $\phi48_{-0.03}^{0}$ mm 的外圆。

（2）粗、精车零件左端 $\phi30_{0}^{+0.033}$ mm 和 $\phi20_{0}^{+0.033}$ mm 的内孔。

（3）掉头，如图 9 - 9 所示，用三爪自定心卡盘夹持零件左端 $\phi48_{-0.03}^{0}$ mm 的外圆，粗、精加工零件右端外形。

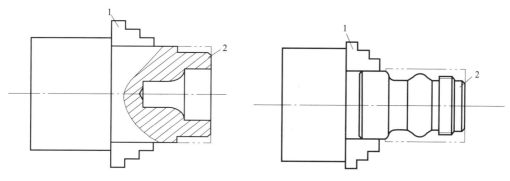

图 9 - 8　工件的装夹（一）

1—三爪自定心卡盘　2—工件

图 9 - 9　工件的装夹（二）

1—三爪自定心卡盘　2—工件

（4）车外螺纹退刀槽。

（5）加工 M36 × 1.5—6g 的外螺纹。

二、填写相关工艺卡片

1. 确定加工工艺

确定加工工艺，填写数控加工工艺卡，见表 9 - 11。

表 9 - 11　　　　　　　　　　　数控加工工艺卡

工序	名称	工艺要求			操作者	备注
1	下料	$\phi52$ mm × 85 mm				
2	数控车	工步	工步内容		刀具号	
		1	夹持零件毛坯外圆，车端面		T01	
		2	粗车 $\phi48_{-0.03}^{0}$ 的外圆		T01	
		3	精车 $\phi48_{-0.03}^{0}$ mm 的外圆，倒角		T02	
		4	粗、精车 $\phi30_{0}^{+0.033}$ mm 和 $\phi20_{0}^{+0.033}$ mm 的内孔，控制深度 $10_{0}^{+0.05}$ mm 和 $25_{0}^{+0.05}$ mm		T05	

续表

工序	名称	工艺要求		操作者	备注
		工步	工步内容	刀具号	
2	数控车	5	掉头，车端面，控制总长（78±0.1）mm	T01	
		6	粗车 $\phi32_{-0.03}^{0}$ mm 的各外圆、圆锥面和螺纹外圆	T01	
		7	精车 $\phi32_{-0.03}^{0}$ mm 的各外圆、圆锥面、$R3$ mm 的圆弧和螺纹外圆	T01	
		8	车螺纹退刀槽至尺寸，同时控制长度（14±0.05）mm	T03	
		9	车 M36×1.5—6g 的螺纹至图样要求	T04	
3	检验				

2. 确定切削用量和刀具

切削用量及刀具选择见表 9 – 12。

表 9 – 12 切削用量及刀具选择

刀具号	刀具规格及名称	数量	加工内容	主轴转速/（r/min）	进给速度/（mm/r）	备注
T01	90°外圆粗车刀	1	粗车工件外轮廓	500	0.2	
T02	90°外圆精车刀	1	精车工件外轮廓	800	0.1	
T03	车槽刀	1	车螺纹退刀槽	400	0.1	
T04	60°外螺纹车刀	1	车 M36×1.5 的螺纹	600	1.5	
T05	内孔车刀	1	车内孔	400	0.1	

三、编制加工程序

1. 零件左端加工程序见表 9 – 13。

表 9 – 13 零件左端加工程序

程序	说明
O0001；	
N10 M03 S500 T0101 G99；	主轴正转，转速为 500 r/min，选择 1 号刀及 1 号刀补
N20 G00 X55.0 Z2.0；	快速移到起刀点
N30 G90 X49.0 Z – 15.0 F0.2；	单一形状固定循环粗车外圆
N40 G00 X46.0 S800；	快速移到定刀点
N50 G01 Z0 F0.1；	进刀至精加工起刀点
N60 X48.0 Z – 1.0；	倒角
N70 Z – 15.0；	精加工 $\phi48_{-0.03}^{0}$ mm 的外圆
N80 X50.0；	退刀
N90 G00 X100.0 Z100.0；	快速退刀

程序	说明
N100 T0505 S400;	换 5 号刀并调用 5 号刀补，主轴转速为 400 r/min
N110 G00 X18.0 Z2.0;	快速移到起刀点
N120 G71 U1.0 R0.5;	粗车复合循环
N130 G71 P140 Q200 U − 0.3 W0 F0.1;	
N140 G00 X32.0 S600;	快速移到定刀点
N150 G01 Z0 F0.1;	移到精加工起刀点
N160 X30.0 Z − 1.0;	倒角
N170 G01 Z − 10.0 F0.1;	精加工 $\phi 30^{+0.033}_{0}$ mm 的孔
N180 G02 X20.0 Z − 15.0 R5.0;	精加工 $R5$ mm 的圆弧
N190 G01 Z − 25.0;	精加工 $\phi 20^{+0.033}_{0}$ mm 的孔
N200 X18.0;	精加工端面
N210 G00 Z50.0 X100.0;	快速退刀
N220 G70 P140 Q200;	精加工循环指令
N230 G00 X100.0 Z100.0;	快速退刀
N240 M05;	主轴停止
N250 M30;	程序结束并复位

2. 零件右端加工程序见表 9 – 14。

表 9 – 14　　　　　　　　　　　零件右端加工程序

程序	说明
O0002;	
N10 M03 S500 T0101 G99;	主轴正转，转速为 500 r/min，选择 1 号刀及 1 号刀补
N20 G00 X52.0 Z2.0;	移到粗车定刀点
N30 G73 U9.0 W0 R6.0;	粗车复合循环
N40 G73 P50 Q190 U0.5 W0 F0.2;	
N50 G00 X30.0;	快速移到精加工定刀点
N60 G01 Z0 F0.1;	移到精加工起刀点
N70 X32.0 Z − 1.0;	倒角
N80 Z − 5.0;	精加工 $\phi 32^{0}_{-0.03}$ mm 的外圆
N90 X33.8;	退刀
N100 X35.8 Z − 6.0;	螺纹倒角
N110 Z − 19.0;	精加工螺纹外圆

程序	说明
N120 X32. 0 Z – 24. 0；	
N130 X39. 67 Z – 35. 01；	精加工圆锥面
N140 G03 X39. 67 Z – 36. 99 R3. 0；	精加工 R3 mm 的圆弧
N150 G01 X32. 0 Z – 48. 0；	精加工圆锥面
N160 Z – 58. 0；	精加工 $\phi32_{-0.03}^{0}$ mm 的外圆
N170 G02 X42. 0 Z – 63. 0 R5. 0；	精加工 R5 mm 的圆弧
N180 G01 X46. 0；	精加工端面
N190 X48. 0 Z – 64. 0；	倒角
N200 T0202 S800；	换 2 号刀及 2 号刀补，转速为 800 r/min
N210 G70 P50 Q190；	精加工循环指令
N220 G00 X150. 0 Z100. 0；	快速退刀
N230 T0303 S400；	换 3 号刀及 3 号刀补，转速为 400 r/min
N240 G00 X38. 0 Z – 22. 0；	快速移到定刀点
N250 G75 R0. 5；	车槽循环
N260 G75 X32. 0 Z – 24. 0 P1500 Q2000 F0. 1；	
N270 G00 X150. 0 Z100. 0；	快速退刀
N280 T0404 S600；	换 4 号刀及 4 号刀补，转速为 600 r/min
N290 G00 X38. 0 Z – 3. 0；	快速移到定刀点
N300 G76 P020560 Q50 R0. 05；	螺纹循环
N310 G76 X34. 05 Z – 22. 0 P975 Q400 F1. 5；	
N320 G00 X150. 0 Z100. 0；	快速退刀
N330 M05；	主轴停止
N340 M30；	程序结束并复位

四、评分标准

评分标准见表 9 – 15。

表 9 – 15 　　　　　　　　　　　　　　评分标准

考核项目		序号	技术要求	配分	评分标准	检测记录	得分
工件 加工	外形轮廓	1	$\phi48_{-0.03}^{0}$ mm	5	每超差 0. 01 mm 扣 1 分		
		2	$\phi32_{-0.03}^{0}$ mm（2 处）	5 × 2	每超差 0. 01 mm 扣 1 分		
		3	$\phi40_{-0.03}^{0}$ mm	5	每超差 0. 05 mm 扣 1 分		
		4	（15 ± 0. 05）mm	4	每超差 0. 02 mm 扣 1 分		

续表

考核项目		序号	技术要求	配分	评分标准	检测记录	得分
工件加工	外形轮廓	5	(14 ± 0.05) mm	3	每超差 0.02 mm 扣 1 分		
		6	$5^{+0.05}_{0}$ mm	3	每超差 0.02 mm 扣 1 分		
		7	(78 ± 0.1) mm	2	每超差 0.04 mm 扣 1 分		
		8	M36 × 1.5—6g	4	超差不得分		
		9	$\phi 32^{0}_{-0.03}$ mm × 5 mm	3	超差不得分		
		10	锥度、R3 mm、R5 mm	2 × 3	每处超差扣 2 分		
		11	◎ $\phi 0.03$ A （2 处）	2 × 2	每处超差扣 2 分		
		12	$Ra \leqslant 1.6$ μm （4 处）	1 × 4	每处降级扣 1 分		
	内轮廓	13	$\phi 30^{+0.033}_{0}$ mm	5	每超差 0.01 mm 扣 1 分		
		14	$10^{+0.05}_{0}$ mm	3	每超差 0.02 mm 扣 1 分		
		15	$\phi 20^{+0.033}_{0}$ mm	4	每超差 0.01 mm 扣 1 分		
		16	$25^{+0.05}_{0}$ mm	3	每超差 0.02 mm 扣 1 分		
		17	◎ $\phi 0.03$ A （2 处）	2 × 2	每处超差扣 2 分		
		18	$Ra \leqslant 1.6$ μm （2 处）	1 × 2	每处降级扣 1 分		
	其他	19	一般尺寸及倒角	6	每错一处扣 1 分		
		20	工件按时完成且无缺陷		酌情倒扣 5 ~ 20 分		
程序与工艺		21	程序正确、完整	5	每错一处扣 2 分		
		22	数控加工工艺卡	5	不合理每处扣 2 分		
机床操作		23	机床操作规范	5	每错一处扣 2 分		
		24	工件、刀具装夹正确	5	每错一处扣 2 分		
安全文明生产（倒扣分）		25	安全操作		出现安全事故停止操作		
		26	机床整理		或酌情倒扣 5 ~ 30 分		
合计				100			

中级工职业技能等级认定模拟题四

加工如图 9 - 10 所示的轴类零件，该零件的毛坯尺寸为 $\phi 50$ mm × 122 mm，材料为 45 钢。

如图 9 - 10 所示，该零件的轮廓包括外圆、圆弧、圆锥面、内沟槽和内螺纹，使用的刀具有外圆粗车刀、外圆精车刀、内车槽刀、内螺纹车刀和内孔车刀。各主要外圆表面的表面粗糙度 Ra 值均为 1.6 μm，要求较高，因此，安排零件工艺时分为粗车、精车，且零件加工表面不能一次装夹完成加工，需要掉头装夹。

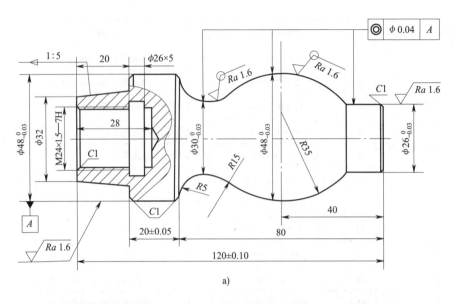

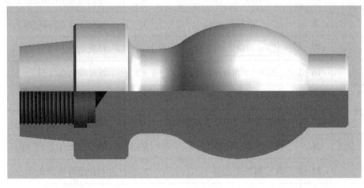

图 9-10　中级工职业技能等级认定模拟题四

a）零件图　b）实物图

一、工件的装夹方式及工艺路线的确定

1. 确定编程原点

选取工件端面中心为工件坐标系（编程）原点。

2. 制定加工路线

（1）如图 9-11 所示，用三爪自定心卡盘夹持零件右端毛坯外圆，粗、精车零件左端 $\phi48_{-0.03}^{0}$ mm 的外圆及锥度为 1∶5 的圆锥面。

（2）粗、精加工 M24×1.5—7H 的内螺纹。

（3）掉头，夹持零件左端 $\phi48_{-0.03}^{0}$ mm 的外圆，粗、精车零件右端 $\phi26_{-0.03}^{0}$ mm 的外圆以及三段圆弧，同时控制尺寸 $\phi30_{-0.03}^{0}$ mm，工件的装夹如图 9-12 所示。

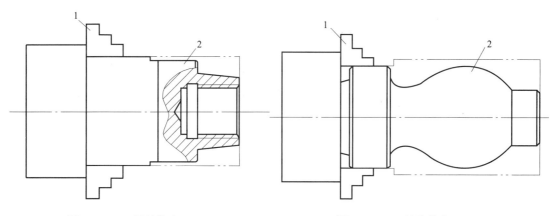

图9-11　工件的装夹（一）　　　　　图9-12　工件的装夹（二）

1—三爪自定心卡盘　2—工件　　　　　1—三爪自定心卡盘　2—工件

二、填写相关工艺卡片

1. 确定加工工艺

确定加工工艺，填写数控加工工艺卡，见表9-16。

表9-16　　　　　　　　　　　　　数控加工工艺卡

工序	名称	工艺要求			操作者	备注
1	下料	$\phi 50$ mm $\times 122$ mm				
2	数控车	工步	工步内容		刀具号	
		1	夹持零件毛坯外圆，车端面		T01	
		2	粗车 $\phi 48_{-0.03}^{0}$ mm 的外圆及锥度为 1:5 的圆锥面		T01	
		3	精车 $\phi 48_{-0.03}^{0}$ mm 的外圆及锥度为 1:5 的圆锥面，倒角		T02	
		4	粗、精车 M24×1.5—7H 的内螺纹底孔		T03	
		5	车内沟槽		T04	
		6	车 M24×1.5—7H 的内螺纹至图样要求		T05	
		7	掉头，车端面，控制总长		T01	
		8	夹持 $\phi 48_{-0.03}^{0}$ mm 的外圆，粗车 $\phi 26_{-0.03}^{0}$ mm 的外圆以及 $R35$ mm、$R15$ mm、$R5$ mm 的三处圆弧		T01	
		9	精车 $\phi 26_{-0.03}^{0}$ mm 的外圆以及 $R35$ mm、$R15$ mm、$R5$ mm 的三处圆弧至图样要求		T02	
3	检验					

2. 确定切削用量和刀具

切削用量及刀具选择见表 9 – 17。

表 9 – 17　　　　　　　　　　　　　　　切削用量及刀具选择

刀具号	刀具规格及名称	数量	加工内容	主轴转速/（r/min）	进给速度/（mm/r）	备注
T01	90°外圆粗车刀	1	粗车工件外轮廓	500	0.2	
T02	93°外圆精车刀	1	精车工件外轮廓	800	0.1	
T03	内孔车刀	1	车内孔	400	0.1	
T04	内车槽刀	1	车退刀槽	400	0.1	
T05	内三角形螺纹车刀	1	车 M24×1.5—7H 的内螺纹	600	1.5	

三、编制加工程序

1. 零件左端加工程序见表 9 – 18。

表 9 – 18　　　　　　　　　　　　　　　零件左端加工程序

程序	说明
O0001；	
N10 M03 S500 T0101 G99；	主轴正转，转速为 500 r/min，选择 1 号刀及 1 号刀补
N20 G00 X52.0 Z2.0；	移到粗车定刀点
N30 G71 U1.5 R0.5；	粗车复合循环
N40 G71 P50 Q110 U0.5 W0 F0.2；	
N50 G00 X32.0；	快速移到精加工定刀点
N60 G01 Z0 F0.1；	移到精加工起刀点
N70 X36.0 Z – 20.0；	加工锥度为 1:5 的圆锥面
N80 X46.0；	精加工端面
N90 X48.0 Z – 21.0；	倒角
N100 Z – 50.0；	精加工 $\phi48^{\ 0}_{-0.03}$ mm 的外圆
N110 G01 X52.0；	退刀
N120 T0202 S800；	换 2 号刀及 2 号刀补，转速为 800 r/min
N130 G70 P50 Q110；	精加工循环指令
N140 G00 X100.0 Z100.0；	快速退刀
N150 T0303 S400；	换 3 号刀及 3 号刀补，转速为 400 r/min
N160 G00 X24.5 Z5.0；	快速移到定刀点
N170 Z0；	快速移到定刀点
N180 G01 X22.5 Z – 1.0 F0.1；	倒角
N190 Z – 28.0；	加工螺纹底孔
N200 X20.0；	退刀

续表

程序	说明
N210 G00 Z2.0;	快速退刀
N220 G00 X100.0 Z100.0;	快速退刀
N230 T0404 S400;	换 4 号刀及 4 号刀补，转速为 400 r/min
N240 G00 X20.0 Z2.0;	快速移到定刀点
N250 Z – 23.0;	快速移到定刀点
N260 G75 R0.5;	车槽循环
N270 G75 X26.0 Z – 25.0 P1500 Q1000 F0.1;	
N280 G00 Z2.0;	快速退刀
N290 G00 X100.0 Z100.0;	快速退刀
N300 T0505 S600;	换 5 号刀及 5 号刀补，转速为 600 r/min
N310 G00 X21.0 Z2.0;	快速移到定刀点
N320 G76 P020560 Q50 R – 0.05;	螺纹循环指令
N330 G76 X24.0 Z – 22.0 P975 Q400 F1.5;	
N340 G00 X100.0 Z100.0;	快速退刀
N350 M05;	主轴停止
N360 M30;	程序结束并复位

2. 零件右端加工程序见表 9 – 19。

表 9 – 19 　　　　　　　　　　零件右端加工程序

程序	说明
O0002;	
N10 M03 S500 T0101 G99;	主轴正转，转速为 500 r/min，选择 1 号刀及 1 号刀补
N20 G00 X52.0 Z2.0;	移到粗车定刀点
N30 G73 U12.0 W0 R10.0;	粗车复合循环
N40 G73 P50 Q150 U0.5 W0 F0.2;	
N50 G00 X24.0;	快速移到精加工定刀点
N60 G01 Z0 F0.1;	移到精加工起刀点
N70 X26.0 Z – 1.0;	倒角
N80 Z – 14.52;	精加工 $\phi 26 _{-0.03}^{0}$ mm 的外圆
N90 G03 X35.4 Z – 60.03 R35.0;	精加工 $R35$ mm 的圆弧
N100 G02 X30.0 Z – 68.62 R15.0;	精加工 $R15$ mm 的圆弧
N110 G01 Z – 75.0;	精加工 $\phi 30 _{-0.03}^{0}$ mm 的外圆
N120 G02 X40.0 Z – 80.0 R5.0;	精加工 $R5$ mm 的圆弧
N130 G01 X46.0;	精加工端面

续表

程序	说明
N140 X48.0 Z－81.0；	倒角
N150 X52.0；	退刀
N160 T0202 S800；	换 2 号刀及 2 号刀补，转速为 800 r/min
N170 G70 P50 Q150；	精加工循环指令
N180 G00 X100.0 Z100.0；	快速退刀
N190 M05；	主轴停止
N200 M30；	程序结束并复位

四、评分标准

评分标准见表 9 – 20。

表 9 – 20   评分标准

考核项目			序号	技术要求	配分	评分标准	检测记录	得分
工件加工	外形轮廓		1	$\phi48_{-0.03}^{0}$ mm	6	每超差 0.01 mm 扣 2 分		
			2	$\phi30_{-0.03}^{0}$ mm	6	每超差 0.01 mm 扣 2 分		
			3	$\phi48_{-0.03}^{0}$ mm	6	每超差 0.01 mm 扣 2 分		
			4	$\phi26_{-0.03}^{0}$ mm	6	每超差 0.01 mm 扣 2 分		
			5	（20 ± 0.05）mm	5	每超差 0.02 mm 扣 1 分		
			6	（120 ± 0.10）mm	5	每超差 0.02 mm 扣 1 分		
			7	$R35$ mm、$R15$ mm、$R5$ mm	2 × 3	每错一处扣 2 分		
			8	锥度 1:5	7	超差 2′扣 1 分		
			9	◎ $\phi0.04$ A （3 处）	3 × 3	每错一处扣 3 分		
			10	$Ra \leqslant 1.6$ μm（4 处）	1 × 4	每处降级扣 1 分		
	内轮廓		11	M24 × 1.5—7H	7	超差不得分		
			12	$\phi26$ mm × 5 mm	3	超差不得分		
	其他		13	一般尺寸及倒角	6	每错一处扣 1 分		
			14	工件按时完成且无缺陷	4	未按时完成或有缺陷不得分		
程序与工艺			15	程序正确、完整	5	每错一处扣 2 分		
			16	数控加工工艺卡	5	不合理每处扣 2 分		
机床操作			17	机床操作规范	5	每错一次扣 2 分		
			18	工件、刀具装夹正确	5	每错一次扣 2 分		
安全文明生产（倒扣分）			19	安全操作		出现安全事故停止操作		
			20	机床整理		或酌情倒扣 5 ~ 30 分		
合计					100			

高级工职业技能等级认定模拟题一

　　加工如图 9 - 13 所示的零件，毛坯为 $\phi 50$ mm $\times 57$ mm 的棒料，材料为 45 钢，编写加工程序并进行加工。

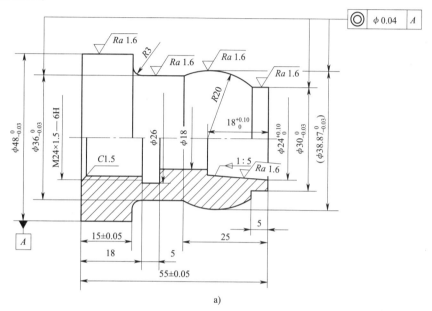

a)

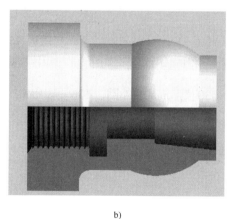

b)

图 9 - 13　高级工职业技能等级认定模拟题一

a) 零件图　b) 实物图

　　如图 9 - 13 所示，该零件的轮廓包括外圆、圆弧、内沟槽、内螺纹、内孔和锥孔，使用的刀具有外圆仿形粗车刀、外圆仿形精车刀、内车槽刀、内螺纹车刀和内孔车刀。各主要外圆表面的表面粗糙度 Ra 值均为 1.6 μm，要求较高，因此，安排零件工艺时分为粗车、精车，且零件加工表面不能一次装夹完成加工，需要掉头装夹。

一、工件的装夹方式及工艺路线的确定

1. 确定编程原点

选取工件端面中心为工件坐标系（编程）原点。

2. 制定加工路线

（1）用三爪自定心卡盘夹持零件右端毛坯外圆，粗、精车零件左端 $\phi48_{-0.03}^{0}$ mm 的外圆，如图 9 - 14 所示。

（2）粗、精加工零件左端 M24 × 1.5—6H 的螺纹底孔，车螺纹退刀槽，车 M24 × 1.5—6H 的内螺纹。

（3）掉头，用三爪自定心卡盘夹持零件左端 $\phi48_{-0.03}^{0}$ mm 的外圆，粗、精加工零件右端内锥孔，如图 9 - 15 所示。

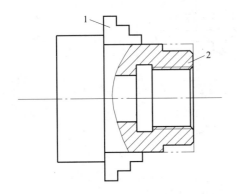 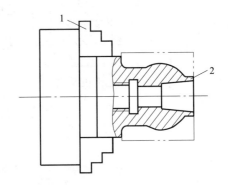

图 9 - 14　工件的装夹（一）

1—三爪自定心卡盘　2—工件

图 9 - 15　工件的装夹（二）

1—三爪自定心卡盘　2—工件

（4）粗、精车零件右端 $\phi30_{-0.03}^{0}$ mm 的外圆、$\phi36_{-0.03}^{0}$ mm 的外圆及 $R20$ mm 的圆弧至尺寸要求。

二、填写相关工艺卡片

1. 确定加工工艺

确定加工工艺，填写数控加工工艺卡，见表 9 - 21。

表 9 - 21　　　　　　　　　　　　数控加工工艺卡

工序	名称	工艺要求		操作者	备注
1	下料	$\phi50$ mm × 57 mm			
2	数控车	工步	工步内容	刀具号	
		1	夹持零件毛坯外圆，车端面	T01	
		2	粗车 $\phi48_{-0.03}^{0}$ mm 的外圆	T01	
		3	精车 $\phi48_{-0.03}^{0}$ mm 的外圆至尺寸	T02	
		4	车 M24 × 1.5—6H 的螺纹底孔，长度为 23 mm	T03	

续表

工序	名称	工艺要求		操作者	备注
		工步	工步内容	刀具号	
2	数控车	5	车螺纹退刀槽 $\phi26$ mm $\times 5$ mm	T04	
		6	车螺纹 M24 $\times 1.5$—6H 至尺寸要求	T05	
		7	掉头夹持 $\phi48_{-0.03}^{0}$ mm 的外圆，车端面，控制总长（55 ± 0.05）mm	T01	
		8	粗、精车锥度为 1:5 的圆锥孔	T03	
		9	粗车零件右端 $\phi30_{-0.03}^{0}$ mm 的外圆、$\phi36_{-0.03}^{0}$ mm 的外圆及 $R20$ mm 的圆弧	T01	
		10	精车零件右端 $\phi30_{-0.03}^{0}$ mm 的外圆、$\phi36_{-0.03}^{0}$ mm 的外圆及 $R20$ mm 的圆弧至尺寸要求	T02	
3	检验				

2. 确定切削用量和刀具

切削用量及刀具选择见表 9 – 22。

表 9 – 22　　　　　　　　　　切削用量及刀具选择

刀具号	刀具规格及名称	数量	加工内容	主轴转速/（r/min）	进给速度/（mm/r）	备注
T01	93°仿形粗车刀	1	粗车工件外轮廓	500	0.2	
T02	93°仿形精车刀	1	精车工件外轮廓	800	0.1	
T03	内孔车刀	1	车内孔	400	0.1	
T04	内车槽刀	1	车退刀槽	400	0.1	
T05	60°内螺纹车刀	1	车 M24 $\times 1.5$—6H 的螺纹	600	1.5	

三、编制加工程序

1. 零件左端加工程序见表 9 – 23。

表 9 – 23　　　　　　　　　　零件左端加工程序

程序	说明
O0001；	
N10 M03 S500 T0101 G99；	主轴正转，转速为 500 r/min，选择 1 号刀及 1 号刀补
N20 G00 X53.0 Z5.0；	快速移到定刀点
N30 G94 X0 Z0 F0.2；	循环车削端面
N40 G90 X49.0 Z – 20.0 F0.2；	粗车 $\phi48_{-0.03}^{0}$ mm 的外圆

程序	说明
N50 G00 X100. 0 Z50. 0；	退刀
N60 T0202 S800；	换 2 号精车刀及 2 号刀补，转速为 800 r/min
N70 G00 X50. 0 Z2. 0；	快速移到定刀点
N80 G90 X48. 0 Z - 20. 0 F0. 1；	精车 $\phi48_{-0.03}^{0}$ mm 的外圆
N90 G00 X100. 0 Z100. 0；	退刀
N100 T0303 S400；	换 3 号内孔车刀及 3 号刀补，转速为 400 r/min
N110 G00 X16. 0 Z2. 0；	快速移到循环起始点
N120 G71 U1. 0 R0. 5；	内孔粗车复合循环
N130 G71 P140 Q180 U - 0. 3 W0 F0. 1；	
N140 G00 X25. 5；	移到精车定刀点
N150 G01 Z0 F0. 1；	
N160 X22. 5 Z - 1. 5；	倒角
N170 Z - 23. 0；	精车螺纹底孔
N180 X16. 0；	退刀
N190 G70 P140 Q180；	精加工循环指令
N200 G00 X100. 0 Z100. 0；	退刀
N210 T0404 S400；	换 4 号内车槽刀及 4 号刀补，转速为 400 r/min
N220 G00 X21. 0 Z2. 0；	快速移到定刀点
N230 Z - 21. 0；	
N240 G75 R0. 5；	车槽复合循环
N250 G75 X28. 0 Z - 23. 0 P2000 Q2000 F0. 1；	
N260 G00 Z2. 0；	退刀
N270 G00 X150. 0 Z100. 0；	退刀
N280 T0505 S600；	换 5 号内螺纹车刀及 5 号刀补，转速为 600 r/min
N290 G00 X22. 0 Z2. 0；	快速移到定刀点
N300 G76 P020560 Q50 R - 0. 05；	螺纹切削复合循环
N310 G76 X24. 0 Z - 20. 0 P975 Q400 F1. 5；	
N320 G00 X100. 0 Z100. 0；	快速退刀
N330 M05；	主轴停止
N340 M30；	程序结束并复位

2. 零件右端加工程序见表 9 – 24。

表 9 – 24　　　　　　　　　　　　　　零件右端加工程序

程序	说明
O0002；	
N10 M03 S400 T0303 G99；	主轴正转，转速为 400 r/min，选择 3 号刀及 3 号刀补
N20 G00 X16. 0 Z2. 0；	快速移到定刀点
N30 G94 X0 Z0 F0. 2；	循环车削端面
N40 G71 U1. 0 R0. 5；	内孔粗车复合循环
N50 G71 P60 Q90 U – 0. 3 W0 F0. 1；	
N60 G00 X24. 0；	移到精车定刀点
N70 G01 Z0 F0. 1；	
N80 X20. 4 Z – 18. 0；	精车内锥孔
N90 X16. 0；	退刀
N100 G70 P60 Q90；	精加工循环指令
N110 G00 X100. 0 Z100. 0；	退刀
N120 T0101 S500；	换 1 号刀及 1 号刀补，转速为 500 r/min
N130 G00 X52. 0 Z2. 0；	快速移到定刀点
N140 G73 U10. 0 W0 R8. 0；	外圆粗车仿形循环
N150 G73 P160 Q210 U0. 5 W0 F0. 1；	
N160 G00 X30. 0；	移到精车定刀点
N170 G01 Z – 5. 0 F0. 05；	精加工 $\phi 30_{-0.03}^{0}$ mm 的外圆
N180 G03 X36. 0 Z – 25. 0 R20. 0；	精车 R20 mm 的圆弧
N190 G01 Z – 37. 0；	精加工 $\phi 36_{-0.03}^{0}$ mm 的外圆
N200 G02 X42. 0 Z – 40. 0 R3. 0；	精车 R3 mm 的圆弧
N210 G01 X52. 0；	精车端面
N220 G00 X100. 0 Z100. 0；	退刀
N230 T0202 S800；	换 2 号精车刀及 2 号刀补，转速为 800 r/min
N240 G00 X52. 0 Z2. 0；	快速移到定刀点
N250 G70 P160 Q210；	精加工循环指令
N260 G00 X100. 0 Z100. 0；	退刀
N270 M05；	主轴停止
N280 M30；	程序结束并复位

四、评分标准

评分标准见表 9 – 25。

表 9 – 25   评分标准

考核项目		序号	技术要求	配分	评分标准	检测记录	得分
工件加工	外形轮廓	1	$\phi 36_{-0.03}^{0}$ mm	6	每超差 0.01 mm 扣 2 分		
		2	$\phi 48_{-0.03}^{0}$ mm	6	每超差 0.01 mm 扣 2 分		
		3	$\phi 30_{-0.03}^{0}$ mm	6	每超差 0.01 mm 扣 2 分		
		4	$\phi 38.87_{-0.03}^{0}$ mm	4	每超差 0.02 mm 扣 1 分		
		5	(55 ± 0.05) mm	4	超差不得分		
		6	$R20$ mm	4	超差不得分		
		7	$R3$ mm	2	超差不得分		
		8	◎ $\phi 0.04$ A （3 处）	2×3	每超差 0.01 mm 扣 1 分		
		9	$Ra \leqslant 1.6$ μm（4 处）	2×4	降级不得分		
		10	(15 ± 0.05) mm	4	超差不得分		
		11	5 mm	1	超差不得分		
	内轮廓	12	$18_{0}^{+0.10}$ mm	4	每超差 0.02 mm 扣 1 分		
		13	$M24 \times 1.5$—6H	8	超差不得分		
		14	锥度 1∶5	6	超差不得分		
		15	$\phi 24_{0}^{+0.10}$ mm	5	超差不得分		
		16	$\phi 26$ mm $\times 5$ mm	2	超差不得分		
		17	$Ra \leqslant 1.6$ μm	4	超差不得分		
程序与工艺		18	程序正确、完整	5	每错一处扣 2 分		
		19	数控加工工艺卡	5	不合理每处扣 2 分		
机床操作		20	机床操作规范	5	每错一处扣 2 分		
		21	工件、刀具装夹正确	5	每错一处扣 2 分		
安全文明生产（倒扣分）		22	安全操作		出现安全事故停止操作		
			机床整理		或酌情倒扣 5～30 分		
合计				100			

高级工职业技能等级认定模拟题二

加工如图 9 – 16 所示的轴类零件，毛坯尺寸为 $\phi 50$ mm $\times 105$ mm，材料为 45 钢。

如图 9 – 16 所示，该零件的轮廓包括外圆、圆弧、圆锥面、沟槽和螺纹，使用的刀具只需外圆仿形粗车刀、外圆仿形精车刀和螺纹车刀即可。安排零件工艺时分为粗车、精车，且零件加工表面不能一次装夹完成加工，需要掉头装夹。

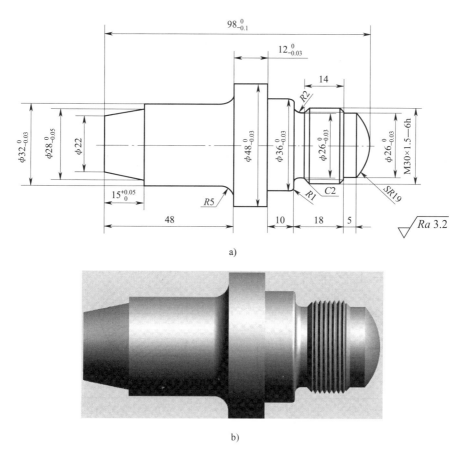

图 9-16　高级工职业技能等级认定模拟题二

a）零件图　b）实物图

一、工件的装夹方式及工艺路线的确定

1. 确定编程原点

选取工件端面中心为工件坐标系（编程）原点。

2. 制定加工路线

（1）用三爪自定心卡盘夹持零件右端毛坯外圆，粗、精车零件左端 $\phi48_{-0.03}^{0}$ mm 的外圆、$\phi32_{-0.03}^{0}$ mm 的外圆、$R5$ mm 的圆弧及圆锥面，如图 9-17 所示。

（2）掉头，用三爪自定心卡盘夹持零件左端 $\phi32_{-0.03}^{0}$ mm 的外圆，粗、精车零件右端 $\phi36_{-0.03}^{0}$ mm 和 $\phi26_{-0.03}^{0}$ mm 的外圆、$SR19$ mm 的球头、螺纹外圆及螺纹退刀槽，如图 9-18 所示。

（3）加工 M30×1.5—6h 的外螺纹。

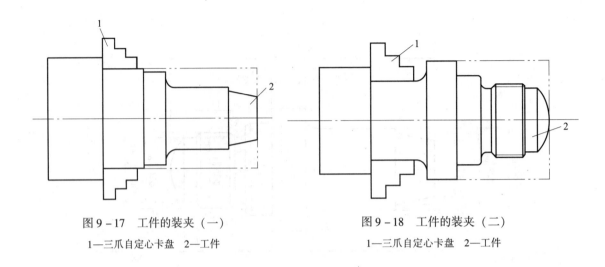

图 9 – 17　工件的装夹（一）　　　　　　图 9 – 18　工件的装夹（二）

1—三爪自定心卡盘　2—工件　　　　　　1—三爪自定心卡盘　2—工件

二、填写相关工艺卡片

1. 确定加工工艺

确定加工工艺，填写数控加工工艺卡，见表 9 – 26。

表 9 – 26　　　　　　　　　　　数控加工工艺卡

工序	名称	工艺要求		操作者	备注
1	下料	$\phi50$ mm × 105 mm			
2	数控车	工步	工步内容	刀具号	
		1	夹持零件毛坯外圆，车端面	T01	
		2	粗车 $\phi48^{\ 0}_{-0.03}$ mm 的外圆、$\phi32^{\ 0}_{-0.03}$ mm 的外圆、$R5$ mm 的圆弧及圆锥面	T01	
		3	精车 $\phi48^{\ 0}_{-0.03}$ mm 的外圆、$\phi32^{\ 0}_{-0.03}$ mm 的外圆、$R5$ mm 的圆弧及圆锥面至尺寸要求	T02	
		4	掉头车端面，控制总长	T01	
		5	夹持 $\phi32^{\ 0}_{-0.03}$ mm 的外圆，粗车 $\phi36^{\ 0}_{-0.03}$ mm 和 $\phi26^{\ 0}_{-0.03}$ mm 的外圆、$SR19$ mm 的球头及螺纹外圆	T01	
		6	精车 $\phi36^{\ 0}_{-0.03}$ mm 和 $\phi26^{\ 0}_{-0.03}$ mm 的外圆、$SR19$ mm 的球头及螺纹外圆至尺寸要求	T02	
		7	车 M30 × 1.5—6h 的螺纹至尺寸要求	T03	
3	检验				

2. 确定切削用量和刀具

切削用量及刀具选择见表 9 – 27。

表 9 – 27　　　　　　　　　　切削用量及刀具选择

刀具号	刀具规格及名称	数量	加工内容	主轴转速/（r/min）	进给速度/（mm/r）	备注
T01	90°外圆粗车刀	1	粗车工件外轮廓	500	0.2	
T02	90°外圆精车刀	1	精车工件外轮廓	800	0.1	
T03	外三角形螺纹车刀	1	车 M30×1.5—6h 的螺纹	600	1.5	

三、编制加工程序

1. 零件左端加工程序见表 9 – 28。

表 9 – 28　　　　　　　　　　零件左端加工程序

程序	说明
O0001；	
N10 M03 T0101 S500 G99；	主轴正转，转速为 500 r/min，选择 1 号刀及 1 号刀补
N20 G00 X55.0 Z5.0；	快速移到循环起始点
N30 G94 X0 Z0 F0.2；	循环车削端面
N40 G71 U2.0 R1.0；	外圆粗车复合循环
N50 G71 P60 Q140 U0.5 W0 F0.2 S500；	
N60 G00 X22.0；	精车轮廓起始行
N70 G01 Z0 F0.1；	
N80 G01 X28.0 Z – 15.0 F0.1；	精车外圆锥
N90 X32.0；	精车端面
N100 Z – 43.0；	精车 $\phi 32_{-0.03}^{\ 0}$ mm 的外圆
N110 G02 X42.0 W – 5.0 R5.0 F0.1；	精车 R5 mm 的圆弧
N120 G01 X48.0 F0.1；	精车端面
N130 Z – 62.0；	精车 $\phi 48_{-0.03}^{\ 0}$ mm 的外圆
N140 X55.0；	退刀
N150 G00 X100.0 Z100.0；	退刀
N160 T0202 S800；	换 2 号精车刀及 2 号刀补
N170 G00 X55.0 Z5.0；	快速移到循环起始点
N180 G70 P60 Q140；	精加工循环指令
N190 G00 X100.0 Z100.0；	退刀
N200 M05；	主轴停止
N210 M30；	程序结束并复位

2. 零件右端加工程序见表 9 – 29。

表 9 – 29　　　　　　　　　　　　　　零件右端加工程序

程序	说明
O0002；	
N10 M03 S500 T0101 G99；	主轴正转，转速为 500 r/min，选择 1 号刀及 1 号刀补
N20 G00 X50.0 Z5.0；	快速移到循环起始点
N30 G94 X0 Z0 F0.2；	循环车削端面
N40 G73 U25.0 W0 R10.0；	外圆粗车复合循环
N50 G73 P60 Q180 U0.5 W0 F0.2；	
N60 G00 X0；	移到精车定刀点
N70 G01 Z0 F0.1；	
N80 G03 X26.0 Z – 5.0 R19.0 F0.1；	倒角
N90 Z – 10.0；	精车 $\phi 26_{-0.03}^{\ 0}$ mm 的外圆
N100 X29.8 W – 2.0；	倒角
N110 Z – 22.0；	精车螺纹外圆
N120 X26.0 Z – 24.0；	
N130 Z – 26.0；	
N140 G02 X30.0 Z – 28.0 R2.0 F0.1；	
N150 X34.0；	
N160 G03 X36.0 W – 1.0 R1.0 F0.1；	精车 $R1$ mm 的圆弧
N170 G01 W – 9.0；	精车 $\phi 36_{-0.03}^{\ 0}$ mm 的外圆
N180 G01 X52.0 F0.2；	退刀
N190 G00 X100.0 Z50.0；	快速退刀
N200 T0202 M03 S800；	换 2 号精车刀及 2 号刀补
N210 G00 X50.0 Z5.0；	快速移到循环起始点
N220 G70 P60 Q180；	精加工循环指令
N230 G00 X100.0 Z50.0；	快速退刀
N240 T0303 S600；	换 3 号外螺纹车刀及 3 号刀补
N250 G00 X52.0 Z5.0；	快速移到定刀点
N260 G00 X32.0 Z0；	
N270 G92 X29.0 Z – 25.0 F1.5；	加工螺纹
N280 X28.5；	
N290 X28.2；	
N300 X28.05；	
N310 G00 X100.0 Z50.0；	快速退刀
N320 M05；	主轴停止
N330 M30；	程序结束并复位

四、评分标准

评分标准见表 9 – 30。

表 9 – 30   评分标准

考核项目		序号	技术要求	配分	评分标准	检测记录	得分
工件加工	外形轮廓	1	$\phi 48_{-0.03}^{0}$ mm	6	每超差 0.01 mm 扣 2 分		
		2	$\phi 26_{-0.03}^{0}$ mm	6	每超差 0.01 mm 扣 2 分		
		3	$\phi 36_{-0.03}^{0}$ mm	6	每超差 0.01 mm 扣 2 分		
		4	$\phi 32_{-0.03}^{0}$ mm	6	每超差 0.01 mm 扣 2 分		
		5	$\phi 26_{-0.03}^{0}$ mm	6	每超差 0.01 mm 扣 2 分		
		6	$\phi 28_{-0.05}^{0}$ mm	6	每超差 0.01 mm 扣 2 分		
		7	$\phi 22$ mm	4	超差不得分		
		8	$R5$ mm	2	超差不得分		
		9	$15_{0}^{+0.05}$ mm	5	每超差 0.02 mm 扣 1 分		
		10	$SR19$ mm	3	超差不得分		
		11	48 mm	2	超差不得分		
		12	$12_{-0.03}^{0}$ mm	5	超差不得分		
		13	5 mm	2	超差不得分		
		14	18 mm	2	超差不得分		
		15	10 mm	2	超差不得分		
		16	$98_{-0.1}^{0}$ mm	4	超差不得分		
		17	$R1$ mm、$R2$ mm	2	超差不得分		
		18	M30 × 1.5—6h	6	超差不得分		
	其他	19	倒角	1	超差不得分		
		20	工件按时完成且无缺陷	4	未按时完成或有缺陷不得分		
程序与工艺		21	程序正确、完整	5	每错一处扣 2 分		
		22	数控加工工艺卡	5	不合理每处扣 2 分		
机床操作		23	机床操作规范	5	每错一次扣 2 分		
		24	工件、刀具装夹正确	5	每错一次扣 2 分		
安全文明生产（倒扣分）		25	安全操作		出现安全事故停止操作或酌情倒扣 5 ~ 30 分		
		26	机床整理				
合计				100			

高级工职业技能等级认定模拟题三

加工如图 9-19 所示的零件，毛坯尺寸为 $\phi55$ mm $\times115$ mm 和 $\phi55$ mm $\times65$ mm，材料为 45 钢。

如图 9-19 所示，该实例为两件配合，零件的轮廓包括外圆、圆弧、圆锥面、沟槽和螺纹，使用的刀具有外圆粗车刀、外圆仿形精车刀、外车槽刀、外螺纹车刀、内车槽刀、内螺纹车刀和内孔车刀。零件加工表面不能一次装夹完成加工，需要掉头装夹。

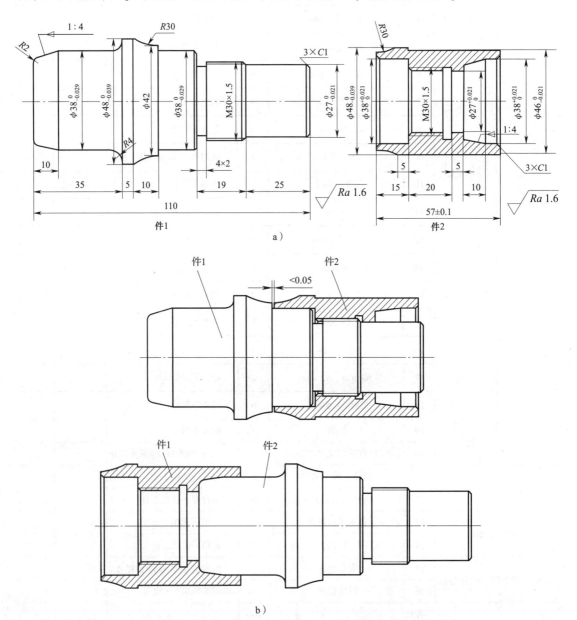

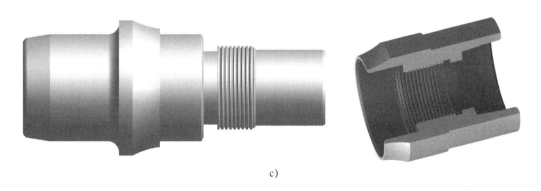

c)

图 9 – 19　高级工职业技能等级认定模拟题三

a）零件图　b）装配图　c）实物图

一、工件的装夹方式及工艺路线的确定

1. 确定编程原点

选取工件端面中心为工件坐标系（编程）原点。

2. 制定加工路线

（1）件 2 的加工路线

1）用三爪自定心卡盘夹持零件左端毛坯外圆，粗、精车零件右端 $\phi 46_{-0.021}^{0}$ mm 的外圆，如图 9 – 20 所示。

2）粗、精车零件 $\phi 38_{0}^{+0.021}$ mm 和 $\phi 27_{0}^{+0.021}$ mm 的内孔及锥度为 1:4 的锥孔。

3）掉头，用三爪自定心卡盘夹持零件右端 $\phi 46_{-0.021}^{0}$ mm 的外圆，粗车零件左端 $\phi 48_{-0.039}^{0}$ mm 的外圆，粗车 $R30$ mm 的圆弧，如图 9 – 21 所示。

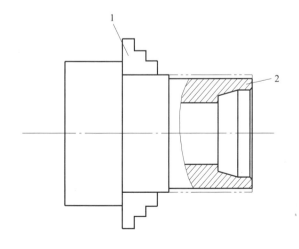

图 9 – 20　工件的装夹（一）

1—三爪自定心卡盘　2—工件

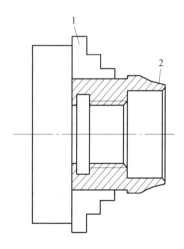

图 9 – 21　工件的装夹（二）

1—三爪自定心卡盘　2—工件

4）粗、精车零件 $\phi38^{+0.021}_{0}$ mm 的内孔以及 M30×1.5 的内螺纹底孔。

5）车内螺纹退刀槽。

6）粗、精车 M30×1.5 的内螺纹。

（2）件 1 的加工路线

1）用三爪自定心卡盘夹持零件右端毛坯外圆，粗、精车零件左端 $\phi38^{0}_{-0.029}$ mm 的外圆、$R2$ mm 和 $R4$ mm 的圆弧以及锥度为 1:4 的圆锥面，粗车 $\phi48^{0}_{-0.039}$ mm 的外圆，如图 9 – 22 所示。

2）掉头，用三爪自定心卡盘夹持零件左端 $\phi38^{0}_{-0.029}$ mm 的外圆，粗、精车零件右端 $\phi38^{0}_{-0.029}$ mm 和 $\phi27^{0}_{-0.021}$ mm 的外圆、M30×1.5 的螺纹外圆，粗车 $R30$ mm 的圆弧，如图 9 – 23 所示。

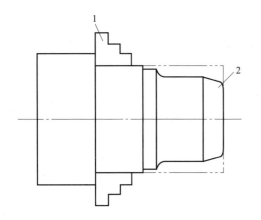

图 9 – 22　工件的装夹（三）

1—三爪自定心卡盘　2—工件

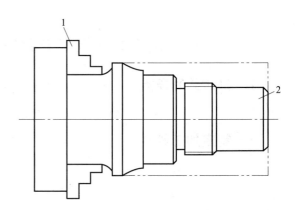

图 9 – 23　工件的装夹（四）

1—三爪自定心卡盘　2—工件

3）车螺纹退刀槽。

4）粗、精车 M30×1.5 的外螺纹。

（3）将件 2 配合到件 1 上精车 $\phi48^{0}_{-0.039}$ mm 的外圆和 $R30$ mm 的圆弧至尺寸。

二、填写相关工艺卡片

1. 确定加工工艺

确定加工工艺，填写数控加工工艺卡，见表 9 – 31。

表 9 – 31　　　　　　　　　　　　数控加工工艺卡

工序	名称	工艺要求			操作者	备注
1	下料	$\phi55$ mm×115 mm 和 $\phi55$ mm×65 mm				
2	数控车件 2	工步	工步内容		刀具号	
		1	夹持零件毛坯外圆，车端面		T01	
		2	粗、精车 $\phi46^{0}_{-0.021}$ mm 的外圆		T01、T02	

续表

工序	名称	工艺要求		操作者	备注
		工步	工步内容	刀具号	
2	数控车件2	3	粗、精车 $\phi 38^{+0.021}_{0}$ mm 和 $\phi 27^{+0.021}_{0}$ mm 的内孔及锥度为 1:4 的锥孔	T05	
		4	掉头，夹持 $\phi 46^{0}_{-0.021}$ mm 的外圆车端面，控制总长	T01	
		5	粗车 $\phi 48^{0}_{-0.039}$ mm 的外圆，粗车 R30 的圆弧	T01	
		6	粗、精车 $\phi 38^{+0.021}_{0}$ mm 的内孔以及 M30×1.5 的内螺纹底孔	T05	
		7	车内螺纹退刀槽	T06	
		8	车 M30×1.5 的内螺纹至图样要求	T07	
3	数控车件1	1	夹持零件毛坯外圆，车端面	T01	
		2	粗车 $\phi 48^{0}_{-0.039}$ mm 和 $\phi 38^{0}_{-0.029}$ mm 的外圆、锥度为 1:4 的圆锥面、R2 mm 和 R4 mm 的圆弧	T01	
		3	精车 $\phi 38^{0}_{-0.029}$ mm 的外圆、锥度为 1:4 的圆锥面、R2 mm 和 R4 mm 的圆弧	T02	
		4	掉头车端面，控制总长	T01	
		5	夹持 $\phi 38^{0}_{-0.029}$ mm 的外圆，粗车右端 $\phi 38^{0}_{-0.029}$ mm 和 $\phi 27^{0}_{-0.021}$ mm 的外圆，粗车 M30×1.5 的螺纹外圆	T01	
		6	精车右端 $\phi 38^{0}_{-0.029}$ mm 和 $\phi 27^{0}_{-0.021}$ mm 的外圆，精车 M30×1.5 的螺纹外圆	T02	
		7	车螺纹退刀槽	T03	
		8	车 M30×1.5 的外螺纹至图样要求	T04	
4	配合		件2与件1配合，精车 $\phi 48^{0}_{-0.039}$ mm 的外圆和 R30 mm 的圆弧至尺寸	T02	
5	检验				

2. 确定切削用量和刀具

切削用量及刀具选择见表 9-32。

表 9-32　　　　　　　　　　切削用量及刀具选择

刀具号	刀具规格及名称	数量	加工内容	主轴转速/(r/min)	进给速度/(mm/r)	备注
T01	90°外圆粗车刀	1	粗车工件外轮廓	500	0.2	
T02	90°外圆仿形精车刀	1	精车工件外轮廓	800	0.1	
T03	外车槽刀	1	车螺纹退刀槽	400	0.1	
T04	外三角形螺纹车刀	1	车 M30×1.5 的外螺纹	600	1.5	
T05	内孔车刀	1	车内孔	400	0.1	
T06	内车槽刀	1	车螺纹退刀槽	400	0.1	
T07	内三角形螺纹车刀	1	车 M30×1.5 的内螺纹	600	1.5	

三、编制加工程序

1. 件 2 加工程序

（1）零件右端加工程序见表 9 – 33。

表 9 – 33   零件右端加工程序

程序	说明
O0001；	
N10 M03 S500 T0101 G99；	主轴正转，转速为 500 r/min，选择 1 号刀及 1 号刀补
N20 G00 X55.0 Z3.0；	快速移到定刀点
N30 G94 X0 Z0 F0.2；	循环车削端面
N40 G00 X50.0 Z5.0；	快速移到定刀点
N50 G90 X46.0 Z – 30.0 F0.1；	循环车削 $\phi46_{-0.021}^{0}$ mm 的外圆
N60 G00 X100.0 Z50.0；	退刀
N70 T0505 S400；	换 5 号内孔车刀及 5 号刀补
N80 G00 X25.0 Z5.0；	快速移到定刀点
N90 G71 U1.5 R0.2；	内孔粗车复合循环
N100 G71 P110 Q170 U – 0.5 W0 F0.2；	
N110 G00 X40.0；	移到精车定刀点
N120 G01 Z0 F0.10；	
N130 X38.0 Z – 1.0；	倒角
N140 Z – 7.0；	精加工 $\phi38_{0}^{+0.021}$ mm 的孔
N150 X36.0 Z – 17.0；	精车内锥孔
N160 X27.0；	精车端面
N170 W – 6.0；	精加工 $\phi27_{0}^{+0.021}$ mm 的孔
N180 G00 X24.0 Z5.0；	快速移到定刀点
N190 G70 P110 Q170；	精加工循环指令
N200 G00 X100.0 Z100.0；	退刀
N210 M05；	主轴停止
N220 M30；	程序结束并复位

（2）零件左端加工程序见表 9 – 34。

表 9 – 34   零件左端加工程序

程序	说明
O0002；	
N10 M03 S500 T0101 G99；	主轴正转，转速为 500 r/min，选择 1 号刀及 1 号刀补
N20 G00 X55.0 Z3.0；	快速移到定刀点

续表

程序	说明
N30 G94 X0 Z0 F0.2;	循环车削端面
N40 G00 X50.0 Z5.0;	快速移到定刀点
N50 G90 X49.0 Z－20.0 F0.2;	循环粗车 $\phi48^{\ 0}_{-0.039}$ mm 的外圆
N60 G01 X43.0 Z0 F0.1;	移到圆弧加工定刀点
N70 G02 X49.0 Z－10.0 R30.0 F0.2;	粗加工 R30 mm 的圆弧
N80 G00 X100.0 Z50.0;	退刀
N90 T0505 S400;	换 5 号内孔车刀及 5 号刀补
N100 G00 X24.0 Z5.0;	快速移到定刀点
N110 G71 U1.5 R0.2;	内孔粗车复合循环
N120 G71 P130 Q190 U－0.5 W0;	
N130 G00 X40.0;	移到精车定刀点
N140 G01 Z0 F0.1;	
N150 X38.0 Z－1.0;	倒角
N160 Z－15.0;	精加工 $\phi38^{+0.021}_{\ 0}$ mm 的内孔
N170 X30.0;	精车端面
N180 X28.4 W－1.0;	倒角
N190 Z－35.0;	精加工 M30×1.5 的内螺纹底孔
N200 G00 X24.0;	快速移到定刀点
N210 G70 P130 Q190;	精加工循环指令
N220 G00 X100.0 Z50.0;	退刀
N230 T0606 S400;	换 6 号内车槽刀及 6 号刀补
N240 G00 X25.0;	快速移到定刀点
N250 Z－35.0;	
N260 G01 X31.0 F0.1;	车槽
N270 X25.0;	退刀
N280 G00 Z50.0;	快速退刀
N290 X100.0;	
N300 T0707 S600;	换 7 号内螺纹车刀及 7 号刀补
N310 G00 X25.0;	快速移到定刀点
N320 Z－10.0;	
N330 G92 X29.0 Z－33.0 F1.5;	加工螺纹
N340 X29.5;	
N350 X29.8;	
N360 X30.0;	
N370 G00 Z50.0;	退刀
N380 X100.0;	
N390 M05;	主轴停止
N400 M30;	程序结束并复位

2. 件 1 加工程序

（1）零件左端加工程序见表 9 – 35。

表 9 – 35　　　　　　　　　　　零件左端加工程序

程序	说明
O0003；	
N10 M03 S500 T0101 G99；	主轴正转，转速为 500 r/min，选择 1 号刀及 1 号刀补
N20 G00 X50.0 Z5.0；	快速移到循环起始点
N30 G94 X0 Z0 F0.2；	循环车削端面
N40 G71 U1.5 R1.0；	外圆粗车复合循环
N50 G71 P60 Q140 U0.5 W0 F0.2；	
N60 G00 X31.5；	移到精车定刀点
N70 G01 Z0 F0.1；	
N80 G03 X35.5 Z – 1.8 R2.0 F0.1；	精车 $R2$ mm 的圆弧
N90 G01 X38.0 Z – 10.0 F0.1；	精车锥度为 1:4 的圆锥面
N100 Z – 31.0；	精车 $\phi 38_{-0.029}^{~0}$ mm 的外圆
N110 G02 X46.0 Z – 35.0 R4.0；	精车 $R4$ mm 的圆弧
N120 G01 X49.0；	精车端面
N130 Z – 45.0；	将图样上 $\phi 48_{-0.039}^{~0}$ mm 的外圆精车至 $\phi 49$ mm
N140 X51.0；	退刀
N150 G00 X100.0 Z50.0；	退刀
N160 T0202 M03 S800；	换 2 号精车刀及 2 号刀补
N170 G00 X50.0 Z1.0；	快速移到循环起始点
N180 G70 P60 Q140；	精加工循环指令
N190 G00 X100.0 Z50.0；	退刀
N200 M05；	主轴停止
N210 M30；	程序结束并复位

（2）零件右端加工程序见表 9 – 36。

表 9 – 36　　　　　　　　　　　零件右端加工程序

程序	说明
O0004；	
N10 M03 S500 T0101 G99；	主轴正转，转速为 500 r/min，选择 1 号刀及 1 号刀补
N20 G00 X50.0 Z5.0；	快速移到循环起始点
N30 G94 X0 Z0 F0.2；	循环车削端面
N40 G71 U1.5 R1.0；	外圆粗车复合循环
N50 G71 P60 Q170 U0.5 W0 F0.2；	
N60 G00 X25.0；	移到精车定刀点

续表

程序	说明
N70 G01 Z0 F0.1;	
N80 G01 X27.0 Z-1.0;	倒角
N90 Z-25.0;	精车 $\phi 27_{-0.021}^{0}$ mm 的外圆
N100 X29.8 W-1.0;	倒角
N110 Z-44.0;	精车螺纹外圆
N120 X36.0;	精车端面
N130 X38.0 W-1.0;	倒角
N140 Z-60.0;	精车 $\phi 38_{-0.029}^{0}$ mm 的外圆
N150 X43.0;	精车端面
N160 G02 X49.0 Z-70.0 R30.0;	粗车 $R30$ mm 的圆弧
N170 G01 X50.0 F0.1;	退刀
N180 G00 X100.0 Z50.0;	快速退刀
N190 T0202 M03 S800;	换 2 号精车刀及 2 号刀补
N200 G00 X50.0 Z1.0;	快速移到循环起始点
N210 G70 P60 Q170;	精加工循环指令
N220 G00 X100.0 Z50.0;	快速退刀
N230 M03 S400 T0303;	换 3 号外车槽刀及 3 号刀补
N240 G00 X33.0 Z-44.0;	快速移到定刀点
N250 G01 X26.0 F0.1;	车槽
N260 X31.0;	
N270 G00 X100.0 Z50.0;	退刀
N280 T0404 S600;	换 4 号外螺纹车刀及 4 号刀补
N290 G00 X33.0 Z-20.0;	快速移到定刀点
N300 G92 X29.0 Z-42.0 F1.5;	加工螺纹
N310 X28.5;	
N320 X28.2;	
N330 X28.05;	
N340 G00 X100.0 Z50.0;	退刀
N350 M05;	主轴停止
N360 M30;	程序结束并复位

3. 件1、件2 配合加工程序

件1、件2 配合加工程序见表9－37。

表9－37　　　　　　　　　　　　件1、件2 配合加工程序

程序	说明
O0005；	
N10 M03 S800 T0202 G99；	主轴正转，转速为800 r/min，选择2号刀及2号刀补
N20 G00 X50.0 Z5.0；	快速移到定刀点
N30 X48.0 Z－40.0；	
N40 G01 Z－47.0 F0.1；	精车 $\phi48_{-0.039}^{0}$ mm 的外圆
N50 G02 X48.0 W－20.0 R30.0 F0.1；	精车 $R30$ mm 的圆弧
N60 G01 W－6.0 F0.1；	精车 $\phi48_{-0.039}^{0}$ mm 的外圆
N70 G00 X50.0；	退刀
N80 Z100.0；	快速退刀
N90 M05；	主轴停止
N100 M30；	程序结束并复位

四、评分标准

评分标准见表9－38。

表9－38　　　　　　　　　　　　评分标准

考核项目		序号	考核内容		配分	评分标准	检测结果	得分
件1	外圆	1	$\phi48_{-0.039}^{0}$ mm	IT	4	超差不得分		
				$Ra \leqslant 1.6$ μm	2	降级不得分		
		2	$\phi38_{-0.029}^{0}$ mm	IT	4	超差不得分		
				$Ra \leqslant 1.6$ μm	2	降级不得分		
		3	$\phi38_{-0.029}^{0}$ mm	IT	4	超差不得分		
				$Ra \leqslant 1.6$ μm	2	降级不得分		
		4	$\phi27_{-0.021}^{0}$ mm	IT	4	超差不得分		
				$Ra \leqslant 1.6$ μm	2	降级不得分		
	长度	5	35 mm	IT	1	超差不得分		
		6	110 mm	IT	2	超差不得分		
	倒角	7	$C1$ mm（3处）		1×3	每缺一处扣1分		
	外圆锥	8	1:4	角度	2	超差不得分		
				$Ra \leqslant 1.6$ μm	1	降级不得分		
	圆弧	9	$R2$ mm 和 $R4$ mm		2	每缺一处扣1分		

续表

考核项目		序号	考核内容		配分	评分标准	检测结果	得分
件1	圆弧	10	$R30$ mm	IT	2	超差不得分		
				$Ra \leqslant 1.6$ μm	2	降级不得分		
	螺纹	11	M30×1.5	IT	5	超差不得分		
件2	外圆	12	$\phi 48_{-0.039}^{0}$ mm	IT	4	超差不得分		
				$Ra \leqslant 1.6$ μm	2	降级不得分		
		13	$\phi 46_{-0.021}^{0}$ mm	IT	4	超差不得分		
				$Ra \leqslant 1.6$ μm	2	降级不得分		
	内孔	14	$\phi 38_{0}^{+0.021}$ mm（左端）	IT	4	超差不得分		
				$Ra \leqslant 1.6$ μm	2	降级不得分		
		15	$\phi 38_{0}^{+0.021}$ mm（右端）	IT	4	超差不得分		
				$Ra \leqslant 1.6$ μm	2	降级不得分		
		16	$\phi 27_{0}^{+0.021}$ mm	IT	4	超差不得分		
				$Ra \leqslant 1.6$ μm	2	降级不得分		
	内圆锥	17	1:4	角度	2	配研后晃动不得分		
				$Ra \leqslant 1.6$ μm	1	降级不得分		
	长度	18	总长（57±0.1）mm	IT	4	超差不得分		
		19	15 mm	IT	2	超差不得分		
	圆弧	20	$R30$ mm	IT	2	超差不得分		
				$Ra \leqslant 1.6$ μm	2	降级不得分		
	倒角	21	C1 mm（3处）		1×3	每缺一处扣1分		
	螺纹	22	M30×1.5	IT	5	超差不得分		
配合	R30 mm的圆弧	23	透光间隙小于等于0.05 mm		5	超差不得分		
扣分项	尺寸	24	未注尺寸公差按IT14级检验			每处超差倒扣1分		
	安全文明生产	25	1. 遵守安全操作规程 2. 工具、夹具、量具、刀具放置规范，维护及保养设备，场地清洁			1. 违反规定酌情倒扣5~10分 2. 情节严重者取消考试资格		
合计					100			

高级工职业技能等级认定模拟题四

加工如图9-24所示的零件，毛坯尺寸为$\phi 50$ mm×160 mm，材料为2A15。

如图9-24所示，该实例为两件配合，零件的轮廓包括外圆、圆弧、非圆曲线、圆锥面、沟槽、内螺纹和外螺纹，使用的刀具有外圆粗车刀、外圆仿形精车刀、外车槽刀、外螺

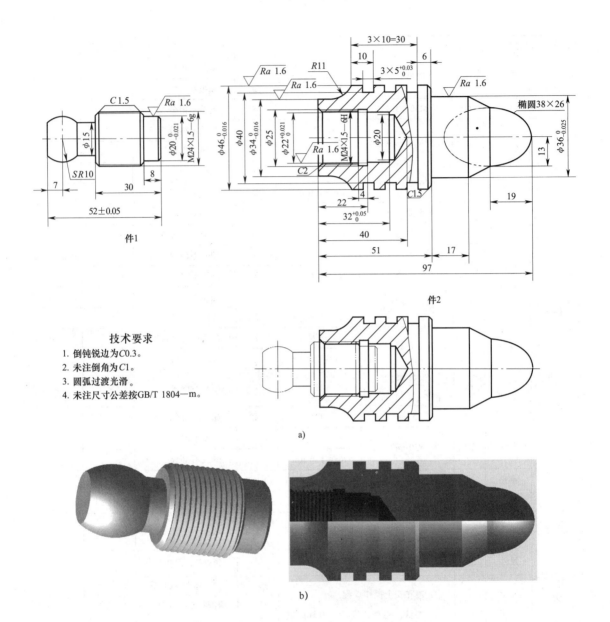

图 9-24　高级工职业技能等级认定模拟题四

a）零件图　b）实物图

纹车刀、内车槽刀、内螺纹车刀和内孔车刀。各主要外圆和内孔表面的表面粗糙度 Ra 值均为 1.6 μm，要求较高，因此，安排零件工艺时分为粗车、精车，且零件加工表面不能一次装夹完成加工，需要掉头装夹。

一、工件的装夹方式及工艺路线的确定

1. 确定编程原点

选取工件端面中心为工件坐标系（编程）原点。

2. 制定加工路线

（1）用三爪自定心卡盘夹持零件毛坯左端外圆，粗、精车件 2 右端 $\phi46_{-0.016}^{0}$ mm 和 $\phi36_{-0.025}^{0}$ mm 的外圆、圆锥面以及 38 mm×26 mm 的椭圆，如图 9 – 25 所示。

（2）粗、精车件 2 上三处 $\phi40$ mm×$5_{0}^{+0.03}$ mm 的槽。

（3）掉头，用三爪自定心卡盘夹持零件毛坯外圆，粗、精车件 1 右端 $\phi20_{-0.021}^{0}$ mm 的外圆、M24×1.5—6g 的螺纹外圆、$\phi15$ mm 的外圆以及 $SR10$ mm 的圆弧，如图 9 – 26 所示。

（4）车 M24×1.5—6g 的螺纹至尺寸要求。

（5）切断后得到件 1。

（6）夹持 $\phi36_{-0.025}^{0}$ mm 的外圆车端面，控制总长，如图 9 – 27 所示。

（7）粗、精车零件 $\phi34_{-0.016}^{0}$ mm 的外圆和 $R11$ mm 的圆弧。

（8）粗、精车零件 $\phi22_{0}^{+0.021}$ mm 的内孔以及 M24×1.5 的内螺纹底孔。

（9）车内螺纹退刀槽。

（10）粗、精车 M24×1.5—6H 的内螺纹。

（11）将件 1 配合到件 2 上精车端面，控制件 1 长度至尺寸要求。

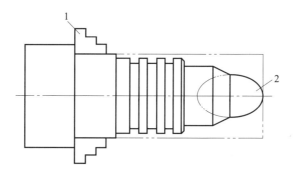

图 9 – 25　工件的装夹（一）

1—三爪自定心卡盘　2—工件

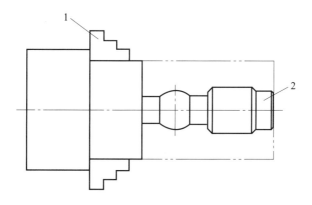

图 9 – 26　工件的装夹（二）

1—三爪自定心卡盘　2—工件

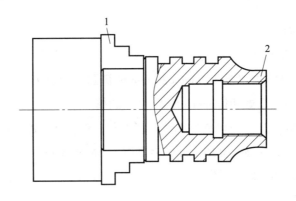

图 9 - 27　工件的装夹（三）

1—三爪自定心卡盘　2—工件

二、填写相关工艺卡片

1. 确定加工工艺

确定加工工艺，填写数控加工工艺卡，见表 9 - 39。

表 9 - 39　　　　　　　　　　　　数控加工工艺卡

工序	名称	工艺要求		操作者	备注
1	下料	$\phi 50$ mm $\times 160$ mm			
2	数控车件 2	工步	工步内容	刀具号	
		1	夹持零件毛坯外圆，车端面	T01	
		2	粗、精车件 2 右端 $\phi 46_{-0.016}^{0}$ mm 和 $\phi 36_{-0.025}^{0}$ mm 的外圆、圆锥面以及椭圆表面	T01、T02	
		3	车三处 $\phi 40$ mm $\times 5_{0}^{+0.03}$ mm 的槽	T03	
3	数控车件 1	1	掉头，夹持毛坯外圆，粗、精车件 1 右端 $\phi 20_{-0.021}^{0}$ mm 的外圆、$M24 \times 1.5—6g$ 的螺纹外圆	T01、T02	
		2	粗、精车 $\phi 15$ mm 的外圆以及 $SR10$ mm 的圆弧	T03、T02	
		3	车 $M24 \times 1.5—6g$ 的螺纹至尺寸要求	T04	
		4	切断	T03	
4	数控车件 2	1	夹持 $\phi 36_{-0.025}^{0}$ mm 的外圆车端面，控制总长	T01	
		2	粗、精车零件 $\phi 34_{-0.016}^{0}$ mm 的外圆和 $R11$ mm 的圆弧	T01、T02	
		3	粗、精车零件 $\phi 22_{0}^{+0.021}$ mm 的内孔以及 $M24 \times 1.5—6H$ 的内螺纹底孔	T05	
		4	车内螺纹退刀槽	T06	
		5	粗、精车 $M24 \times 1.5—6H$ 的内螺纹	T07	
5	配合	将件 1 配合到件 2 上精车端面，控制件 1 长度至尺寸要求		T01	
6	检验				

2. 确定切削用量和刀具

切削用量及刀具选择见表 9 – 40。

表 9 – 40 　　　　　　　　　　　　切削用量及刀具选择

刀具号	刀具规格及名称	数量	加工内容	主轴转速/ （r/min）	进给速度/ （mm/r）	备注
T01	90°外圆粗车刀	1	粗车工件外轮廓	500	0.2	
T02	90°外圆仿形精车刀	1	精车工件外轮廓	800	0.1	
T03	外车槽刀	1	车螺纹退刀槽	400	0.1	
T04	外三角形螺纹车刀	1	车 M24×1.5—6g 的外螺纹	600	1.5	
T05	内孔车刀	1	车内孔	400	0.1	
T06	内车槽刀	1	车螺纹退刀槽	400	0.1	
T07	内三角形螺纹车刀	1	车 M24×1.5—6H 的内螺纹	600	1.5	

三、编制加工程序

1. 件 2 右端加工程序见表 9 – 41。

表 9 – 41 　　　　　　　　　　　　件 2 右端加工程序

程序	说明
O0001；	
N10 M03 S500 T0101 G99；	主轴正转，转速为 500 r/min，选择 1 号刀及 1 号刀补
N20 G00 X50.0 Z5.0；	快速移到循环起始点
N30 G94 X0 Z0 F0.2；	循环车削端面
N40 G73 U25.0 W0 R10.0；	外圆粗车复合循环
N50 G73 P60 Q200 U0.5 W0 F0.2；	
N60 G00 X0；	移到精车定刀点
N70 G01 Z0 F0.1；	
N80 #1 = 19.0；	加工椭圆
N90 #2 = 13.0；	
N100 #3 = 19.0；	
N110 #4 = #2 * SQRT ［#1 * #1 - #3 * #3］ /#1；	
N120 G01 X ［2 * #4］ Z ［#3 - 19.0］ F0.1；	
N130 #3 = #3 - 0.5；	
N140 IF ［#3 GE 0］ GOTO 110；	
N150 G01 X36.0 Z - 29.0 F0.2；	精车圆锥面

程序	说明
N160 Z－46.0；	精车 $\phi36_{-0.025}^{0}$ mm 的外圆
N170 X44.0；	精车端面
N180 X46.0 W－1.0；	倒角
N190 Z－85.0；	精车 $\phi46_{-0.016}^{0}$ mm 的外圆
N200 G01 X52.0 F0.2；	退刀
N210 G00 X100.0 Z50.0；	快速退刀
N220 T0202 M03 S800；	换 2 号精车刀及 2 号刀补
N230 G00 X50.0 Z5.0；	快速移到循环起始点
N240 G70 P60 Q200；	精加工循环指令
N250 G00 X100.0 Z50.0；	快速退刀
N260 M05；	主轴停止
N270 M30；	程序结束并复位

2. 件 1 加工程序见表 9－42。

表 9－42　　　　　　　　　　件 1 加工程序

程序	说明
O0002；	
N10 M03 S500 T0101 G99；	主轴正转，转速为 500 r/min，选择 1 号刀及 1 号刀补
N20 G00 X50.0 Z5.0；	快速移到循环起始点
N30 G94 X0 Z0 F0.2；	循环车削端面
N40 G73 U25.0 W0 R10；	外圆粗车复合循环
N50 G73 P60 Q150 U0.5 W0 F0.2；	
N60 G00 X18.0；	移到精车定刀点
N70 G01 Z0 F0.1；	
N80 G01 X20.0 Z－1.0 F0.1；	倒角
N90 Z－8.0；	精车 $\phi20_{-0.021}^{0}$ mm 的外圆
N100 X23.8 W－1.5；	倒角
N110 Z－30.0；	精车 M24×1.5—6g 的螺纹外圆
N120 X15.0 Z－38.38；	移到车圆弧定刀点
N130 G03 X15.0 Z－52.0 R10.0 F0.2；	精车 SR10 mm 的圆弧
N140 G01 W－6.0；	车退刀槽外圆
N150 G01 X52.0 F0.2；	退刀

续表

程序	说明
N160 G00 X100. 0 Z50. 0；	快速退刀
N170 T0202 M03 S800；	换 2 号精车刀及 2 号刀补
N180 G00 X50. 0 Z5. 0；	快速移到循环起始点
N190 G70 P60 Q150；	精加工循环指令
N200 G00 X100. 0 Z50. 0；	快速退刀
N210 T0404 S600；	换 4 号外螺纹车刀及 4 号刀补
N220 G00 X52. 0 Z5. 0；	快速移到定刀点
N230 G00 X28. 0 Z0；	
N240 G92 X23. 0 Z − 32. 0 F1. 5；	加工螺纹
N250 X22. 5；	
N260 X22. 2；	
N270 X22. 05；	
N280 G00 X100. 0 Z50. 0；	快速退刀
N290 T0303 S400；	换 3 号外车槽刀及 3 号刀补
N300 G00 X52. 0 Z5. 0；	快速移到定刀点
N310 G00 X28. 0 Z − 35. 0；	
N320 G94 X15. 0 W0 F0. 1；	循环车槽
N330 Z − 38. 38；	
N340 G00 Z − 57. 5；	移到切断定刀点
N350 G01 X0 F0. 1；	切断后得到件 1
N360 G00 X100. 0 Z50. 0；	快速退刀
N370 M05；	主轴停止
N380 M30；	程序结束并复位

3. 件 2 左端加工程序见表 9 – 43。

表 9 – 43　　　　　　　　　　件 2 左端加工程序

程序	说明
O0003；	
N10 M03 S500 T0101 G99；	主轴正转，转速为 500 r/min，选择 1 号刀及 1 号刀补
N20 G00 X55. 0 Z3. 0；	快速移到定刀点
N30 G94 X0 Z0 F0. 2；	循环车削端面
N40 G00 X50. 0 Z5. 0；	快速移到定刀点
N50 G71 U1. 5 R0. 2；	粗车复合循环
N60 G71 P70 Q100 U0. 5 W0；	

程序	说明
N70 G00 X34.0；	移到精车定刀点
N80 G01 Z−5.2 F0.1；	精加工 $\phi 34_{-0.016}^{0}$ mm 的外圆
N90 G02 X46.0 Z−15.0 R11.0 F0.2；	精加工 $R11$ mm 的圆弧
N100 G01 X50.0；	退刀
N110 G00 X100.0 Z50.0；	快速退刀
N120 T0202 M03 S800；	换 2 号精车刀及 2 号刀补
N130 G00 X50.0 Z5.0；	快速移到循环起始点
N140 G70 P70 Q100；	精加工循环指令
N150 G00 X100.0 Z50.0；	快速退刀
N160 T0505 S400；	换 5 号内孔车刀及 5 号刀补
N170 G00 X18.0 Z5.0；	快速移到定刀点
N180 G90 X19.5 Z−32.0；	内孔粗车复合循环
N190 X22.0 Z−22.0；	
N200 G00 X26.4 Z5.0；	移到精车定刀点
N210 G01 Z0 F0.1；	
N220 X22.4 Z−2.0；	倒角
N230 Z−22.0；	精加工 $\phi 22_{0}^{+0.021}$ mm 的内孔
N240 X20.0；	精车端面
N250 Z−32.0；	精加工 M24×1.5 的内螺纹底孔
N260 X18.0；	
N270 G00 Z5.0；	快速移到定刀点
N280 X100.0 Z100.0；	退刀
N290 T0606 S400；	换 6 号内车槽刀及 6 号刀补
N300 G00 X20.0；	快速移到定刀点
N310 Z−22.0；	
N320 G01 X25.0 F0.1；	车槽
N330 X20.0；	退刀
N340 G00 Z50.0；	快速退刀
N350 X100.0 Z100.0；	
N360 T0707 S600；	换 7 号内螺纹车刀及 7 号刀补
N370 G00 X20.0 Z5.0；	快速移到定刀点

续表

程序	说明
N380 G92 X23.0 Z－20.0 F1.5；	加工螺纹
N390 X23.5；	
N400 X23.8；	
N410 X24.0；	
N420 G00 Z50.0；	退刀
N430 X100.0；	
N440 M05；	主轴停止
N450 M30；	程序结束并复位

四、评分标准

评分标准见表 9 – 44。

表 9 – 44　　　　　　　　　　　评分标准

考核项目	序号	内容及要求		配分	评分标准	检测结果	得分
件1	1	$\phi20_{-0.021}^{0}$ mm	IT	4	每超差0.01 mm扣1分		
	2		$Ra \leqslant 1.6$ μm	2	每降1级扣1分		
	3	M24×1.5—6g		8	超差不得分		
	4	$SR10$ mm		4	超差不得分		
	5	倒角（3处）		1×3	错、漏每处扣1分		
	6	（52±0.05）mm		2	每超差0.01 mm扣1分		
件2	7	$\phi46_{-0.016}^{0}$ mm	IT	4	每超差0.01 mm扣1分		
	8		$Ra \leqslant 1.6$ μm	2	每降1级扣1分		
	9	$\phi34_{-0.016}^{0}$ mm	IT	4	每超差0.01 mm扣1分		
	10		$Ra \leqslant 1.6$ μm	2	每降1级扣1分		
	11	$\phi22_{0}^{+0.021}$ mm	IT	4	每超差0.01 mm扣1分		
	12		$Ra \leqslant 1.6$ μm	2	每降1级扣1分		
	13	$\phi36_{-0.025}^{0}$ mm	IT	4	每超差0.01 mm扣1分		
	14		$Ra \leqslant 1.6$ μm	2	每降1级扣1分		
	15	M24×1.5—6H		9	超差不得分		
	16	$\phi40$ mm×5$_{0}^{+0.03}$ mm（3处）		2×3	每超差0.01 mm扣1分		
	17	32$_{0}^{+0.05}$ mm		2	每超差0.01 mm扣1分		

续表

考核项目	序号	内容及要求	配分	评分标准	检测结果	得分
件2	18	97 mm	3	每超差 0.01 mm 扣 1 分		
	19	椭圆 38 mm×26 mm	8	超差不得分		
	20	R11 mm	4	超差不得分		
	21	倒角（2 处）	1×2	错、漏每处扣 1 分		
配合	22	螺纹配合	8	超差不得分		
安全文明生产	23	1. 遵守机床安全操作规程 2. 刀具、工具、量具放置规范 3. 保养及维护设备，场地清洁	6	酌情扣 1~6 分		
程序编制	24	1. 指令正确，程序完整 2. 加工顺序及刀具轨迹路线合理 3. 刀具补偿功能运用正确、合理 4. 切削参数、坐标系选择正确、合理	5	酌情扣 1~5 分		
合计			100			

思考与练习

1. 试编程加工如题图 9-1 所示的零件，毛坯尺寸为 φ85 mm×155 mm，材料为 2A15。

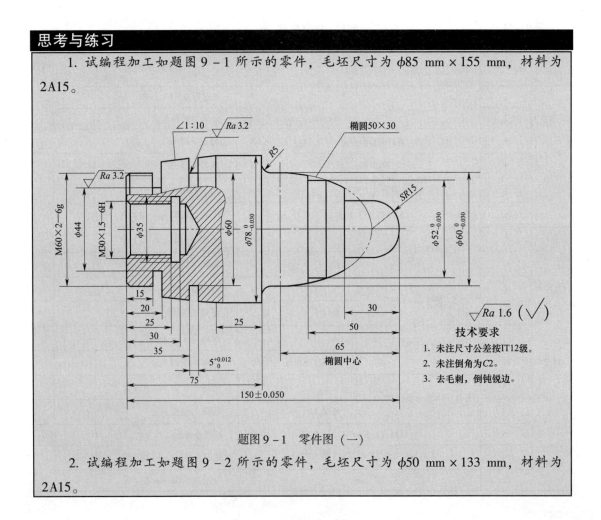

题图 9-1 零件图（一）

2. 试编程加工如题图 9-2 所示的零件，毛坯尺寸为 φ50 mm×133 mm，材料为 2A15。

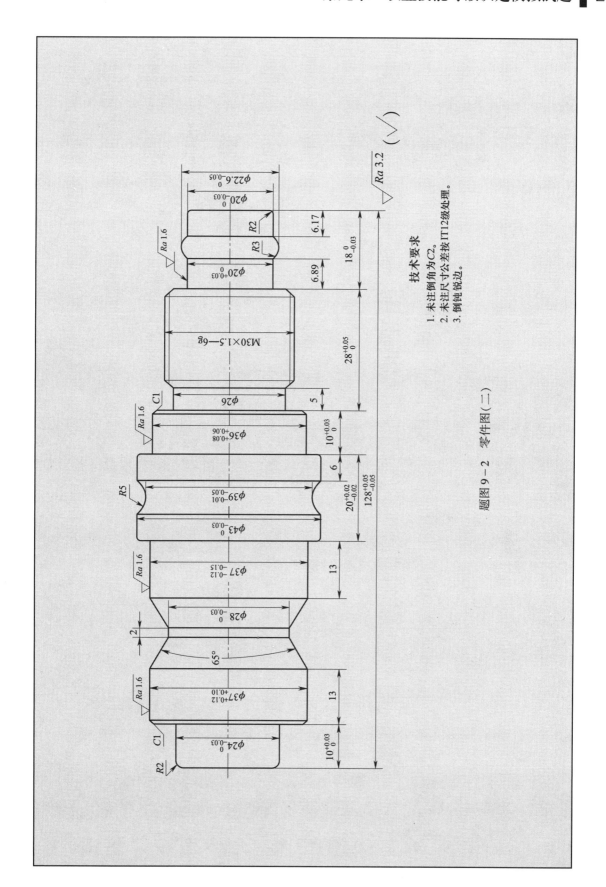

题图 9 – 2 零件图（二）

技术要求
1. 未注倒角为C2。
2. 未注尺寸公差按IT12级处理。
3. 倒钝锐边。

$\sqrt{Ra\ 3.2}$ $(\sqrt{\quad})$